U0325943

肖达 著

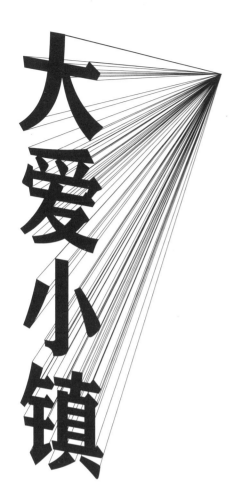

大爱小镇

映秀灾后重建规划的五年实践与评估

同济大学 出版社
TONGJI UNIVERSITY PRESS

四川省映秀镇是 2008 年"5·12"汶川特大地震的震中。原镇区恰位于地震断裂带之上，在地震中全镇房屋几乎全部倒塌。同济大学的规划、建筑、结构、景观和市政等各个专业的技术人员，与阿坝州、汶川县、映秀镇以及东莞对口支援指挥部一起，历经整整两年时间，在艰苦的工作条件下，在危险的工作环境中，组织各方参与重建的部门与机构，重建了一个新映秀。

灾后重建已经过去五年，然而重建中大家共同奋斗的日子依然历历在目，特别是回到重建后的映秀镇，看到安居乐业的居民，熙熙攘攘的参观者，秀美的山川城镇，油然升腾的欣慰和感慨，激励着我们同济人继续担当为社会做贡献的责任。

在这本书里，记录了重建映秀镇的方方面面。作者作为映秀镇灾后重建的规划者和参与重建的建筑师，从现场工作的视角，将 700 多个日日夜夜中的专业思考、人性追求融入到书中，其中不乏专业上的创新闪光点。

灾后重建是一项涉及面广，又有时间和资金限制的工程。灾民的利益、安全、环境、特色及就业都牵涉其中。重建各方的相互协作是重建工程得以顺利完成的关键。本书以重建规划和规划实施为脉络，真实地反映了灾后重建各方以对灾区人民负责的社会责任感为共同目标，而建立起的高效的协作机制和有效的工作方法。

灾后重建积累了许多在平时无法获得的经验，但这不是仅仅通过一本书就可以涵盖的。同济大学在"5·12"汶川特大地震的灾后重建中参与了多个城镇的重建工作，现在又在参与芦山"4·20"地震的灾后重建工作。我们希望通过一系列有关灾后重建规划以及建设工程项目的编撰和出版，将这些专业经验传达给社会，与大家共同分享其中的得与失。

在此，真诚地感谢在灾后重建中给予我们支持的所有重建参与者。

上海同济城市规划设计研究院

院长　周俭

目录

第1章 映秀五年回首

映秀重建规划至今已有五年。

映秀的重建过程与成果，是一份开放的答卷，供所有人，包括业内、政府、当地居民及各社会人士品评。各方面的意见纷至沓来，有正面评价，也有负面评价，其中一些评价尤以深厚的学术思想为基础，但往往都会集中在几个基本问题上，笔者在本书中将作出相应阐述和回应。

01

如今的映秀安然矗立，但是它建造起来的过程十分复杂曲折。

数年来种种思想不断碰撞，需要在实践中一点点取舍、协调和解决。

当成果呈现在世人面前，依然会听到不同声音的交汇。

然而，正是热烈的讨论，激荡起不同的思想火花，带给了映秀规划永远的活力和讨论的价值，也使笔者在实践中，在反思中，在不同的评价中，逐步深化和建立了对规划和小城镇发展一些更本质问题的思考。

二

温情小镇

〜〜〜〜〜〜〜

2008 年 5 月 12 日 14 点 28 分，中国四川汶川发生 8.0 级特大地震。短短的时间内，六万余人遇难，三十余万人受伤，数百万人流离失所，无数家园变成废墟。位于震源的映秀镇首当其冲，地面崩陷、房屋倒塌、山体滑坡，大自然以狰狞的面目毁灭了地表的一切痕迹。如今走进漩口中学地震遗址纪念地，依然还可以看到当时的景象。尽管历史已被静态地封存，可是满目疮痍的土地，扭曲断裂的建筑，仍活生生地在观看者的头脑中演绎出当时的惨痛。砸落、撞击、吞噬、掩埋……遮天蔽日的无边黑暗之中，消逝的是一个个鲜活的生命。

然而，若你能够跨出去。当博物馆大门在身后徐徐合起，在眼前展开的，已俨然是一派充满温情气息的繁华画卷。蜿蜒古朴的街巷两旁是各具特色，色彩鲜艳的少数民族风情住宅。每一栋房子都被它的主人按自己的民族特色装饰。形状各异的图腾、挂饰，还有在风中招展的彩旗，让人目不暇接。街道两旁有精心设计过的小品和水景，花红柳绿，一派生机勃勃。走在街上，不时可以看到两边的里弄名。小河边、石码头、枫香树……亲切自然，这是漫长的岁月中的留存，提醒人们当年关于那个小镇的美好记忆。

留存震前映秀影像的不只是名字。绕开主要的商业街，便会置身于小镇特有的情境中。街道不宽，却曲折有致。街两旁错落排列着房舍大门，墙头可隐见逸出的花木。常有老人坐在门口摇着蒲扇唠嗑纳凉。漫步于街上，远望青山苍翠，头顶大树参天，耳畔人家絮语，便总能唤起人心里对于当年映秀最温暖的印象。

除了居民区，镇区中心还耸立着几栋名家建筑：贝氏建筑事务所、保罗·安德鲁、何镜堂、吴良镛等大师都不曾缺席。当年的天崩地裂，让这里汇聚了无数人的关爱和奉献。逝者已矣，对于生命的痛惜，对于重建的希望促使人们不远万里参与到映秀重建中去。这些大师们也不例外，世界各个著名城市都留下了他们的杰作。可这一次，他们却都将眼光投注到了小小的映秀。在与他们反复协商和讨论的过程中，他们对于地震灾情的关注，对于居民生活的重视，对于细节的呕心沥血都让人动容。尤其是，他们所怀有的博大的人文情怀，也随着他们的作品留存在这里。

走到镇子一头，便会看到一个公园。公园的名字并不美好——地震遗址公园。可是置身其中，要仔细辨别才会恍然大悟，原来这些公园景观小品竟是地震遗存。事实上，这里正是震前的映秀小学，其惨烈境况让人不忍再提。学校的旗杆在地震中存留，仍然矗立在那里。建筑的几个构架也成为小品，将会结合灯光技术成为公园醒目的景观。而环绕公园的那条蜿蜒的木栈道正是沿着地震断裂带而行。如今脚下平静死寂，可当年从这里喷发出来的强大力量曾毁天灭地，吞噬了无数幼小的生命。公园里的绿化没有太多人为精心修饰，都是野生本地植物，可也蓊蓊郁郁，在这样的背景下，仿如宣告着一种任何苦难都不能磨灭的强大生命力。

的确，正如公园的名字，事实上地震的痕迹无处不在。也正如这个公园所昭示的，在映秀，生与死、毁灭与重建总是交织在一起。河道里不曾清理干净的泥石还残存着惊心动魄的影子，镇上系满鲜红丝带的大树满溢着生者的祝福和活下去的信心；大门内是损毁倒塌的建筑遗址，大门外的马路两旁用透明的玻璃展示着各种最新的抗震技术；这里的山体曾因为泥石流而遍布惨白石砾，如今却是夹杂着满眼苍翠，绿意勃发。犹记得震后第一次来到映秀所见的大片废墟。当初曾有人建议将这片景象永远保留，警示后人。很庆幸这没有成为重建的总方针，而只是在个别地方象征性地保留了一小块，即使这一小块也不是封闭静止的。塌陷的建筑，埋藏的尸骨，都无法压抑其上野花绿草的生长。死亡之痛，又何必封存禁锢，成为笼罩映秀镇永远的阴影？苦难既成事实，我们不必排斥，

更不必封存。安德鲁说"为了忘却的纪念"，即使要纪念，纪念的也不应该是狰狞残忍的死神，而是人类在死神面前所显露的尊严和大爱。最好的做法想必就是坦然面对伤口，并让它随着时间的流逝，随着后来人温情和爱的积累，慢慢地和周围的环境生长在一起，渐渐同化，从而最终愈合。

这样一座慢慢同化和愈合的"温情小镇"是规划设计者竭力想营造的。这一点，想必在现在的映秀居民身上，体现的再好不过了。崭新的映秀小学内，常能看到肢体残疾的孩子，可是他们脸上洋溢着真诚的微笑。镇里或多或少每个人都有失去亲人的惨痛经历，可他们底层的店铺都已开张，琳琅满目的商品都已摆出，每个人都在热情地招呼客人。饭店里店主端上热气腾腾的农家菜，景区内导游穿着美丽的藏羌服饰细心解说，还未晓人事的幼童从幼儿园归来，在街道上蹦蹦跳跳……

这一派浮世画卷寻常可见，却因为地震的背景而显得弥足珍贵。崭新的街道和建筑，崭新的环境，崭新的工作，规划者竭力营造的目的，却是希望他们能从中体会到家园般的熟悉感和所有曾投注给他们的关爱。这一片祖祖辈辈曾生活过的土地，他们可以带着祝福，继续在这里繁衍生息。这样的温情积累，想必可以抚平一切创痛，带来重生的力量。

图 1-1 重建后的映秀镇新貌（摄于 2012 年 11 月）

图 1-2 阳光映照下的映秀镇街景（摄于 2012 年 11 月）

　　　　　　　　　　　　　　　　　　大爱小镇——映秀灾后重建规划的五年实践与评估

图 1-3　生活在新映秀的老人（摄于 2012 年 4 月）

图 1-4　许愿墙上来自不同地区的祝福（摄于 2011 年 10 月）

1.2 规划师的反思

"5·12"地震后，因为各级政府及专家的信任，同济规划人有机会承担起映秀灾后重建的规划设计工作。作为映秀灾后重建规划的总规划师，笔者更是有机会参与到重建乃至五年发展的全过程中。面对废墟中的映秀镇，作为中国人，对家园毁灭、同胞死难感同身受，满怀一腔激情投入到工作中去，希望和所有活着的人一起重建家园。同时，作为规划专业人员也要理性地拷问自己，以规划为手段能做什么？要如何做？如今五年多已经过去，从投标、中标、完善方案，直到全程管理实施；规划理念从雏形，到一点点深化，再到实施为具体的三维空间。废墟原址上崭新的映秀镇已然矗立在人们面前。可是，这个规划过程仍在延续，这座小镇仍在生长改变，没有停止。这个活生生的小镇是我们对当初拷问的回答，是尽最大努力对这场灾难的回应和态度。可以说，我们是幸运的，由于政府和社会各方的重视，为我们带来了充足的资金和保障。同时，由于政府部门的信任，规划系统在映秀建造过程中居于统筹协调的地位，使规划理念可以在较短的时间内得到集中完整的实施。而中国近30年的城镇规划进程也积累了足够多的规划理论和技术手段，可供映秀规划汲取和发扬。这使得映秀镇在某种意义上成为各种规划思想集中的应用和检验之地，也使得今天对其规划建设的反思有了更深刻的基础和含义。

如今走在映秀，不禁让人思绪起伏。废墟起楼，荒野回绿，对于这里的一房一街，一瓦一木，设计者和建设者们都曾倾注心血，直到今天呈现在大家眼前这样一个崭新的映秀镇。作为设计者，也许没有几个人会和笔者一样，对它怀有一种如此特殊的感情。同时，作为参与者，也没有几个人会比笔者更了解它。它的优点固然可圈可点，可它的问题亦有讨论的价值和意义。映秀建成五年，这五年中，通过持续地参与到它的后续完善和运行中去，我们发现他当初产业单一的问题逐渐暴露出来。震后百废待兴，映秀原有产业基础完全被摧毁。旅游是地震后映秀建立的唯一产业，这种单一模式带来了很多问题。另外，当时由于安置指标限制和各种客观原因，每家每户的店铺开间过小，为后来的商业发展也带来了困难。从其他人的角度来看，亦有多种不同的回应与批评。有报道就曾讨论过，以地震遗址作旅游开发的模式是否合适的问题。专业人士的评论更是立足深远，考虑角度多样。这说明，映秀规划具有它的特殊性。映秀镇的规划，不仅仅是"5·12"大地震全中国齐心协力灾后重建的集中展现，也是对城镇化浪潮中小镇规划的相关典型技术与管理的检验，更是以人为本规划实践和谐社会的身体力行。站在规划师的职业立场，映秀提供了一个全面实践的舞台，最终的工作成果得到了大家的关注和评论。那么，为了对持续至今的工作做一个全面的总结，对各方评论做一个合理回应，我希望能从专业的立场对映秀过去五年间灾后重建的规划工作做一个全面的评估。这既是对好的经验进行推广，也是希望对它的讨论和思考将会对未来的城市规划，尤其是小城镇规划和发展起到积极的作用。

图 1-5 映秀居民在新居旁共同欢庆春节（摄于 2011 年 2 月）

1.3 规划评估的视角

从学术角度来说，一种学科和职业必须有它的评估标准，城市规划也是如此。好的规划，坏的规划必须要能够区分出来。城市规划评估理论研究和实践拥有很长的历史。它的演进伴随着规划理论本身的变化。正如哈克（Khakee）1998年指出，从理性规划到交流式规划的概念演变是如何导致了规划评估理论的改变。规划评估从重视科学测量的实证主义演进到重视不同角色交互影响的后实证主义。当前国际上比较主流的规划评估理论包括亚历山大（Ernest R. Alexander）和法吕迪（Andreas Faludi）1989年提出的PPIP理论模型，1996年里奇菲尔德（Nathaniel Litchfield）提出的社区影响评价方法（community impact evaluation），达利亚（Dalia Lichfield）的动态规划评估（dynamic planning）方法等。而国内近年来伴随着规划学科的发展也出现了越来越多对于规划评估的讨论与理论探索。

但是无论理论如何演变，西方有关城市规划评价的理论范式和演进都是围绕着三个主要问题展开的。首先，依据的标准——什么是"好的"规划，或者"坏的"规划；其次，谁来评价，用什么方法评价；再次，评价的目的。法吕迪则划分了两种情况。第一种规划被认作是技术实践，那么理性的评估模型就已经足够。另一种情况下的规划是一个学习的过程，那么新的方法就需要引入进来。

完整的规划工作通常由方案、实施与完成三个动态阶段组成，因此规划评价也可以根据时间阶段分为三类。第一类是事前评价（exante evaluation），指的是实施前进行的评价，方案比较的过程；第二类是事中评价（ongoing evaluation），指的是实施中的评价，可能会导致规划的改变；第三类是事后评价（expost evaluation），指对实施结果的评价，反思规划及实施的整个过程。

事前评价多是量化评价。包括投入—产出分析（cost–benefit analysis），规划平衡表（planning balance sheet analysis，目标—实现矩阵法（goals–achievement matrix），多标准评估法（multicriteria analysis），环境影响评价法（Environmental impact assessment）等。事前评价主要针对的是规划方案本身。在评估实践中，这种评价也有可能是定性的。比如，菲利普·博克（Philip R. Berke）等学者在评估新西兰规划的契合度和表现时提出了方案质量的几个定性评判标准。本书中将加以引用来评估关于映秀的规划方案。

事中及事后评价则分为两大类。第一大类是基于契合度的评价；第二大类是基于表现的评价。第一类的基本模型是理性规划，将规划看作是城镇未来的"蓝图"。因而比较规划的意图和结果之间的契合度，来评估规划是否有效；第二类则是基于不同的概念，将规划看作是一系列日常决策行为。规划方案只是作为工具，使决策者和利益相关者更好地理解问题，并就此讨论和达成一致意见。因而通过规划方案在各种讨论决策中的提及和利用程度，来评估规划的有效性。也就是说，只要对于规划的偏离是理性的或者必要的，那么规划仍然被认为是有效的。可以看出，事前评价主要集中在对于方案的评估，而事中事后评价则更多地关注规划实施的过程和成效。1989 年，亚历山大和法吕迪提出过另一种更综合的模型——"政策—规划 / 项目—实施过程"（policy - plan/programme - implementation process）的综合评价模型，也就是在业内有很大影响力的"PPIP 评估模型"。这个评估方法引进了更多社会学的定性方法。鉴于规划和规划评估的密不可分，本书开篇便提出了三种不同的理解规划的方式，各自对应一种评估规划质量的标准：规划是对未来的控制，意味着未被落实到空间中的规划是一种失败；规划是基于未确定环境下的决策过程，意味着是否落实到空间中，是否完整实施不再是成功的标准，但是同时也意味着没有能够轻易判断规划质量的标准；另一种观点介于两者之间，认为规划实施仍然重要，但是只要结果是有利的，实际的建设成果偏离原来的规划也可以被认可。

这是一个非常全面的评估模型，不仅包括了评估规划方案和实施，也包含了评估规划过程。它因此具有很大的影响力，但是也因此非常难于利用。从来没有人全面地应用它来评估自己的规划。

映秀重建规划是一个复杂的过程。在评估规划方案和实施结果的时候，也不能忽视对规划过程的评估，尤其是对其过程中"理性"的评估。在全过程规划中，面对错综复杂的实际情况，规划实施的时候必须要对方案做出动态调整。秉承着规划专业性的理性在这个过程中对于规划成效起着重要作用，因此在本书中，我们参考了亚历山大关于"理性"的相关评估标准和评估问题，来评估映秀的规划过程。

但是，每个城市规划都面临着十分不同的背景情况。维托·奥利维拉（Vitor Oliveira）和保罗·品霍（Paulo Pinho）仍然指出"没有适用于所有情境的单一评价方法，评估者应该建立符合各自情境的独特评价体系"。这个评价体系应该包括以下三方面：

评价问题（evaluation questions）：由评估者、决策者、利益相关者提出评估需要考察的方面。

评价标准（evaluation criteria）：评价标准和评价问题紧密相连。普遍认为自身的规划理念就是设定规划评价标准的源头和参考。规划师在为规划设定目标时，应该同时具有设定评价标准的能力。

评价指标（evaluation indicator）：评价指标提供量化信息供相关者交流、讨论和做出决策。

本书从这三种途径中总结出了综合的评价模型，包含以下评价的标准：①契合度：比较意图和结果；②理性过程：包括了完整度、逻辑一致性和参与程度；③事前最优化；④事后最优化。根据以上的标准又会有一些评估的问题。这些评估问题分成几个小类：①契合度；②利用程度；③理性：包含逻辑一致性，信息完整度和参与程度三方面的问题；④事前最优化；⑤事后最优化。

评价指标是对一个评价来说最具象的一步。有了详细的评价指标，才能把规划评估落到实处。在这里引用美国规划协会（American Planning Association）年度规划大奖的评价标准和指标。美国国家规划大奖分为很多类别。每一个类别都有自己相应的标准和指标。在这里介绍其中两个核心的类别。

总规的 Daniel Burnham 奖项（Daniel Burnham Award for a Comprehensive Plan），标准为：原创性和创新性：规划是怎样提供了富有远见的方式和创新的概念来解决问题；参与度：不同的公共利益是怎样被包含进规划进程中以及它们所占的比例。尤其是怎样付出努力去包含那些曾经被排斥在规划领域之外的人；规划师的角色：澄清了规划师的角色，重要性和参与；实施：

采取了哪些措施来保证公共支持持久地跟踪实施规划；有效性：规划条目是怎样满足需求、解决问题。规划对于影响范围内的人们造成了怎么样的改变，以及未来这种改变的程度。

实施奖（Implementation）。这个奖项是为了持续实施三年以上的规划设置的。其评选标准为：原创性和创新性。规划是怎样提供了富有远见的方式和创新的概念来解决问题；有效性：规划是否持续执行，规划是怎样解决需求和问题的，是怎样改变了人们的生活；克服挑战：采取什么措施来取得共识和支持。实施过程中遇到过什么样的改变，干扰和进步。资金上遇到过什么样的挑战。参与度：不同的公共利益是怎样被包含进规划进程中以及它们所占的比例，是怎样获得公共和私人的支持；成就：这项耗日时久的规划是怎样提升了社区对规划的兴趣，在什么程度上实施的规划取得了成功。

可以看出，这些奖项的评选有一些共同点。比如强调参与度和有效性。一个注重过程，一个注重结果。事实上其他的一些奖项也有类似的评选标准。这一点对于本书的评估框架来说也有很大的指导意义。

图 1-6 漩口中学遗址纪念地（摄于 2009 年 6 月）

02

犹如一个有机体，每个文明都会经历起源、成长、

衰落和解体四个阶段。

不过，文明的这种周期性变化并不表示文明是停滞不前的。在旧文明中生成起来的新生文明
会比旧文明有所进步。文明兴衰的基本原因是挑战和应战。一个文明，如果能够成功地应对
挑战，那么它就会诞生和成长起来；反之，如果不能成功地应对挑战，
那么它就会走向衰落和解体。

——《汤因比历史哲学》

阿诺尔德·约瑟夫·汤因比

2.1 规划与救灾同行

2.1.1 多难兴邦

北京时间 2008 年 5 月 12 日 14 点 28 分，四川盆地与青藏高原交界地区的龙门山断裂带猝然爆发里氏 8.0 级地震，释放了蓄积上百年的地壳应力。震区地动山摇、山体滑坡、房屋倒塌、烟尘蔽日。很多山区城镇震后数十分钟内陷入一片黑暗，山体崩塌声，哭喊呼救声此起彼伏，其景象异常惨烈。

这次百年不遇的大地震震中位于四川阿坝藏族羌族自治州汶川县映秀镇附近，地震烈度达到 11 度；震波波及大半个中国以及东南亚多个国家，是新中国成立以来破坏力最强的一次地震。而地震又发生在人口密度较大，经济发展相对落后的山区城镇，破坏力增强，救援难度变大。地震造成受灾面积超过 10 万平方公里，受灾严重地区的社会经济系统支离破碎，城镇面目全非，区域生态环境遭受不同程度的破坏，灾后重建任务艰巨。四川省最终统计结果显示：地震共造成 69 197 人遇难，374 176 人受伤，17 923 人失踪；造成直接经济损失达 8 451 亿元。

"5·12"汶川大地震所处历史背景比较特殊。地震的发生正值民族"百年凤愿"举办 2008 年奥运会的筹备阶段收尾时期，距离北京奥运会开幕仅三个月时间；2008 年又是改革开放三十周年纪念，是庆贺改革成绩，总结经验教训的重要之年，民族复兴充满希望。然而大喜与不期而至的大悲就这样阴差阳错凑在一起，似乎是苍天有意考验走在复兴之路上的中国。

大地震迅速凝聚了全国人民的心，聚焦了全世界的关注。中央立即组织调动军队和全国各省的力量展开了可能是中国历史上规模最大，速度最快的抗震救灾行动。震后几天内，社会各界组成的救援大军就已浩浩荡荡开赴灾区。抗震救灾很快形成了四路大军，包括国家直接援助的力量、对口援建力量、社会自发组织的力量和当地政府与老百姓组织的力量。民族团结、人性光辉在救灾和援建的过程中不断闪现。国内各大院所和高校的建筑师与规划师也响应对口援建的号召，肩负责任，前赴后继赶往前线，参与灾后救援与重建。同济人援建灾区的序幕也就此拉开。

现在看来，可能正是这种大背景导致国家在重建规划、建设过程、建设时间以及重建的后续影响上都提出了更高的要求。事实证明，这种大背景也的确直接或间接地影响了援建的方方面面。

映秀镇是震中和重灾区，断裂带从映秀镇北部穿过老镇区。地震造成周边山体大面积崩塌滑坡，震后数十分钟内烟尘遮天蔽日，映秀

大爱小镇——映秀灾后重建规划的五年实践与评估

陷入黑夜。地震阻断了映秀镇与外界所有的通讯联系和陆路交通联系，只能靠人徒步尝试与外界联系。为了保证物资供应安全，镇长在震后果断下令武警控制镇内粮食、水和能源储备。震后7天映秀与外界都处于通讯和陆路交通隔绝的状态，救援无法进入。所有水源变成泥浆状，无法使用，只能靠矿泉水维持饮水和伤口冲洗。镇区震后几天内缺水、缺粮、缺能源的情况扩大了伤亡人数，直至空降部队的进入和后来道路的打通。

震后全镇大部分房屋倒塌，交通几近全面瘫痪，四面山体大面积滑坡，生态系统严重受损。地震还造成停水、停电、通讯、交通中断。震后初步统计直接经济损失达44.9亿元；死亡人数5 462人（含流动人口）。各项损失统计如下：

（1）工业系统方面：镇区内的20多家企业全部倒塌，直接经济损失14.41亿元。

（2）农林畜牧系统方面：倒塌房屋面积109.41万平方米，其中有登记产权的29万平方米；直接经济损失11.15亿元。

（3）非工业农业用房方面：几乎所有房屋全部倒塌，倒塌面积109.41万平方米，直接经济损失11亿元。其中农村房屋63.11万平方米，涉及1 066户（户均592平方米），居民房屋46.3万平方米。

（4）交通系统方面：损毁农村道路69.5公里，直接经济损失0.69亿元（省道、国道等计入全县损失）。

2.1.2　广东援建

地震紧急救援的过程中，地震救援与灾后重建几乎是同步开展的。

党和国家对抗震救灾的高度重视是重建规划迅速启动的支撑条件。地震当天，时任国务院总理温家宝就乘专机赶往灾区一线指挥救灾。灾后12天温总理再次前往灾区，在同联合国秘书长潘基文一同接受采访时他说："过三年再来，一个新的汶川会拔地而起！"救灾工作开始后，国家制定了我国首个地震灾后恢复重建专门条例：《汶川地震灾后恢复重建条例》，颁布了《自然灾害救助条例》，修订了《中华人民共和国防震减灾法》，还制定和完善了一大批救灾和灾后重建工作规范与管理办法。比如制定了严格的工程质量标准、抗震救灾和恢复重建资金物资管理办法，以加强工程质量监管，领导和国家的支持为抗震救灾定下了基调，坚定国家意志展露无遗。

震后国务院确定广东省对口援建汶川，因而广东省建设厅以及东莞的规划人员是最早进入映秀的援建队伍，他们完成了大量重建规划

图 2-1　在渔子溪山上看震后的映秀（摄于 2008 年 7 月）

图 2-2　在渔子溪上看重建后的映秀（摄于 2010 年 8 月）

　　　　　　　　　　　　　大爱小镇——映秀灾后重建规划的五年实践与评估

的前期工作。2008年7月8日至17日，广东省汶川灾后重建规划设计援助队，分别在以汶川县城威州镇为中心的北区和以映秀镇、水磨镇、雁门乡为中心的南区开展了深入的实地踏勘、访谈和收集基础数据的工作。在映秀，考察组研究了镇域规划现状调研指引，重点开展了以下五方面调研：

（1）将各村有关领导集中访谈并收集人口数据；

（2）有关土地情况的了解由村领导带领，进入各村原居民点实地踏勘；

（3）有关水电等基础设施建设则联系相关人员带领收集相关资料；

（4）适当进行村民的抽样访谈，摸清村民对规划的期望和诉求；

（5）以映秀镇某滑坡点为例，拟定次生灾害及生态修复地区的标示方法与成果形式。

7月底，以前期调研成果为基础，广东省建设厅组织了15支规划编制组共170人奔赴汶川，重建规划全面铺开。规划编制高峰期，参与其中的专家达到200余人，编制工作人员1000余名。其中，映秀镇是广东省重点援建乡镇，省建设厅组织成立了一支由东莞市城建规划设计院为主，其余成员包括广东省城乡设计研究院、深圳北林苑景观及建筑规划设计院、华南理工大学、顺德规划设计院组成的项目组。初期，项目组只有四川方面提供的一张映秀的航拍地图即卫星地图，没有地形图，且当时映秀灾损道路尚未通车，频繁出现塌方滚石。项目组是拿着航拍图，戴着安全帽步行至一个个村庄，历时一个半月初步完成了《映秀灾后恢复重建规划（2008—2011）》（下文简称《规划》）。

《规划》提出了映秀的重建目标：用三年左右时间完成恢复重建的主要任务，做到家家有房住，户户有就业，人人有保障，设施有提高，经济有发展，生态有改善。

《规划》中的安置原则充分尊重村民意见，主要在规划区内就地就近安置，不搞大规模外迁。更具体的目标包括：到2011年映秀生产总值达到3 000万元，恢复第二产业达到甚至超过震前水平，初步形成以地震遗址旅游和休闲旅游为特色的旅游体系。另外，今后在具体的建设方面，映秀的建筑物的抗震水平要达到八级。这些初期形成的理念为映秀重建规划后期的深入奠定了坚实的基础。

图 2-3 广东省援建映秀纪念雕塑（摄于 2012 年 11 月）

　　　　　　　　　　　　　　　大爱小镇——映秀灾后重建规划的五年实践与评估

〜〜〜〜〜〜〜

　　重建后的映秀镇将以何种面貌重新亮相，吸引着世人关注的目光。时任国务院总理温家宝指示，要求"把映秀镇建设成为全国灾后恢复重建样板"。负责对口援建阿坝州的广东省委书记汪洋、省长黄华华也提出，要把映秀镇建设成为"广东援建典范"。而四川省与阿坝州地方上下也都希望能够不负人民的使命，力争从优秀的规划入手做好映秀的重建工作。本着这样的目标，阿坝州州政府于2008年10月决定，以东莞市规划院编制的《映秀灾后恢复重建规划（2008—2011）》为基础，联合对口援建单位广东省建设厅和东莞市城建规划局共同举办《汶川地震灾后重建映秀镇恢复重建城市设计》方案征集活动。为了体现国内城市设计的最高水平，该活动邀请了包括同济大学、清华大学、华南理工大学、广东省城乡规划设计研究院、广州市城市规划勘测设计研究院等国内顶尖城市规划设计单位参与竞标。

　　根据《映秀镇灾后恢复重建规划》纲要——映秀将成为汶川地震遗址旅游和纪念中心，也将是汶川县域公共交通换乘中心，全县水电服务基地。映秀城市设计要在《映秀镇灾后恢复重建规划》纲要的基础上，既突出映秀生态特色，挖掘地方文化和地震遗址资源，又建设和谐社会，实现区域协调发展。该次城市设计的规划范围包括5个行政村（中滩堡村、枫香树村、渔子溪、张家坪村及黄家村），规划面积约2平方公里，实际可建地75公顷，全套规划包括30多个项目。

　　地震发生后，为了就近支援重建。2008年8月上海同济城市规划设计研究院在都江堰成立了西南所，同年10月接到了参与映秀重建招标的任务。院内所有专家团队在上海对于映秀的情况反复商讨，进行了两轮座谈，试图为映秀震后规划定下一个基调。最后周俭院长一锤定音。虽然是新建，但是不能磨灭映秀原本的特色和温情。"小镇"就是这次重建规划的主题。在这个大方针的引领下，集全院之力，我们展开了研究和工作。

　　设计的前期过程更多地集中在规划思想的争辩！

　　按照周俭院长的部署，完成场地踏勘之后同济规划项目组在院内也分成不同小组，开始了多方案比选的设计工作。相比常规项目中的形式与空间之争，映秀城市设计经历了比平常规划更多的思想碰撞。因为映秀的重建规划具有一定特殊性，边界条件与一般规划不同。首先，这是肩负着特殊责任的规划，要实现国家的决策和人民的期待，要经得住历史的检验。其次，这是一次在废墟上浴火重生式的原址重建，要在废墟上重新搭建映秀人的新家园。

　　映秀是震后几个重灾区中唯一原址重建的小镇。北川是完全的异地重建；青川是一半原址重建，一半异地重建。因而映秀的重建需要充分

图 2-4 上海同济城市规划设计研究院对映秀展开规划调研（摄于 2009 年 7 月）

图 2-5 重建完成后的映秀，新建筑与自然景观的结合（摄于 2012 年 11 月）

大爱小镇——映秀灾后重建规划的五年实践与评估

考虑当地历史文化与社会结构的传承与延续。同时也是时间紧迫的重建，需要在三年内完成新映秀的重建工作。再者，这是一次跨越式的重建。新映秀的基础设施和经济结构将在中国先进的规划理念和技术的指导下完成10年甚至是20年的跨越式发展。这也是修复社会和心灵创伤的治愈式重建。新映秀的居民需要尽快走出灾难，重建幸福家园。最后，这次规划重建需要充分体现"众志成城"的精神，要成为示范性重建工程，为今后的类似项目作参考。

这些特殊背景要求映秀的规划重建在社会影响、创新性、综合性、质量、公众参与、可推广性等多方面进行权衡兼顾。制定规划之初，各级政府、百姓、援建者等各方对规划的诉求各异且强烈。规划提出"映秀在两年内从废墟上站起来"的目标，这在国际国内引来一片质疑。质疑者对规划选址、建设周期、规划定位等提出异议，认为规划没有按科学办事，急功近利。规划的编制当时面对着究竟是"随波逐流"还是"科学地尊重现实情况"的选择。在不同的规划理念之间存在着尖锐的矛盾。因为在全国独一无二，纪念意义显著，所以有人提出将映秀建成全国最大的遗址保护地。但是以生命和生者的幸福为重，还是以满足社会大众对地震遗址保护的需求为重，成为当时最大的争论点。社会各界对地震遗址保护的诉求当时被一些专家称为"道德绑架"，规划面对的是艰难的"道德选择"。

制定规划难度之大在规划方案商讨过程中得到充分体现，各方辩论相当激烈，整个调整修改过程长达数月。经过多轮博弈，"尊重"的理念逐步占据上风：规划需要以科学的态度，既顺应灾区发展变化趋势，同时尽可能平衡协调各类矛盾。这是一种寻求贴近现实，自下而上的规划，也是难度最大的规划方式。例如对口援建引发了外来文化与当地文化谁融入谁的问题；外来规划团队设计的建筑与城镇是否会带来"文化侵略"或者"文化蚕食"的问题。要打消这些顾虑，援建者必须做到充分尊重当地文化传统，充分尊重当地人的意见。从规划之初，尊重逐渐演变为一种自觉，尊重成为映秀规划的核心思想之一。

规划要着眼于帮助幸存者尽早走出灾难，重新树立信心；规划要注重映秀长远发展。这是一种"救生与救心"相结合的规划重建理念。当今世界的灾后救援基本都以"救生"为主，能够做到"救心"的少之又少，而后者的难度远大于前者。"救心"需要援建者长期投入大量的感情与心智，做的是"真情实感"的规划，而不仅是技术性规划。这是映秀灾后重建最需要的，也是其独有的特点，普通规划难以复制。

最后，几个主要观点逐渐浮出水面：映秀的重建应该将重点放在小镇未来长远的发展上，放在居民的人居环境上，放在规划重建的过程上，并归纳出"小镇"、"家园"、"示范"三个理念。总结起来讲，规划理念的最终确定大致经历了一个演变的过程。我们首先意识到的是，映秀规划重建的实质远不止单纯的规划图纸绘制或三维空间建造，而是依托这些基本工作来实现更加长远和综合性的目的。其次，地震纪念、防灾减灾的元素不能忽略，必须在规划中占有比较重要的位置。在兼顾"抗震元素"的同时，规划应该着眼长远，着眼于小镇的自我修复和成长。我们当时充分了解了震前映秀小镇生活的宁静和闲适，因而进一步明确映秀在后地震时代的发展主题应该聚焦在建设新家园，引导和保障居民的生产和生活上。讨论过程中，我们始终尝试去描绘一幅小镇居民未来生活方式的愿景，且将这一愿景作为思考的主线和面对具体问题的评判准绳，以便在宏观上正确把握映秀规划的方向。

"小镇"的概念意味着它要有小镇的环境和小镇的生活方式。这种环境表现在多变而紧密的空间，鲜明的地方文化，热闹的集市经济，闲适的邻里生活等。小镇人民的生活节奏相对较慢，小镇的空间结构和业态要促进融洽频繁的人际接触，小镇的社会氛围要热闹而亲切……在确立了小镇的基地之后，如何保留震中纪念地成了被思考最多的问题。我们从更积极和主动的姿态出发，提出一种更阳光和面向长远的价值观——"规划的重点不是表现和铭记灾难，废墟中树立起的不应是高大的纪念碑和大片的遗迹，规划应该鼓励人们关注人在灾难面前的坚韧，以向往新生活的态度去积极地治愈创伤，构建起重建家园的主动性"。"家园"正是这些理念的核心。最后一点，"示范"则意味着映秀规划应该具有带头性和标杆作用，是后续跟进者的参考和示范，负有更重要的责任。国家要求将灾区援建工程建成样板工程，而映秀镇又是所有工程中唯一原址重建项目，规划建设的过程具有一定特殊性、代表性，其示范意义不言而喻。

图 2-6 渔子溪步行桥成为映秀新景观（摄于 2012 年 11 月）

图 2-7 重建完成后，不断修改完善，新建筑与自然景观的结合（摄于 2014 年 2 月）

2.3 由纪念回归家园

～～～～～～～

2008 年 11 月 18 日，由广东省建设厅、广东省城市规划协会和东莞市城建规划局共同主办的《汶川县映秀镇地震灾后恢复重建城市设计》专家评审会在成都举行。清华大学规划设计研究院、上海同济城市规划设计研究院（简称同济规划院）、广东省城乡规划设计研究院、广州市城市规划勘测设计研究院、华南理工大学建筑学院五家单位呈交了投标方案。评审方由来自四川省建设厅、中科院广州地理所、中山大学、四川省城乡规划设计院、成都市规划院、广东省援建工作组的 13 个专家组成。

会上，专家组对于各家规划单位在短时间内拿出如此高水平的设计方案均表示赞赏。五个方案各有千秋，如广州市城市规划勘测设计院的方案侧重于对抗震救灾精神的整体展示；华南理工大学建筑学院的风格则趋向于朴实，强调节约性原则；清华大学规划院的思路是以人为本，打造精品小镇和羌族生态休闲村；而同济规划设计院更强调环保和人居理念。但安全性原则不约而同成为各设计方案的重点。如严格控制建筑抗震设计，采用烈度 8 级抗震标准；在镇区总体空间布局中，利用道路、河川，规划建设"城市防灾轴"，满足城市居民避难、疏散和救援的需求；建筑高度以三到四层为主等。

经过专家组激烈的讨论与表决，广东省城乡规划设计研究院提交的方案在当天的专家评审中获得了最多的认可。这个名为"天使广场"的方案由武汉大学城市设计学院赵冰教授主持设计，其一个中心点和呈放射状的空间格局在灾后重建的背景下体现出很强的震撼力，将新映秀纪念性的精神境界提升到了相当的高度。对这一方面的关注，可能源自于当时大家都受到了惨烈场面和社会各界救灾热情的冲击和打动，参加竞标的好几个单位都将重点聚焦在新映秀"纪念"的功能上。无论是方案内容和方案阐述上大家都在这一点上投入了较多的感情，仿佛灾区的悲伤与全社会的期望都要通过"纪念"的功能来得到安慰和实现。

1. 论证焦点

专家讨论会结束后才揭晓，"天使广场"方案在评审会一开始就是专家们争论的焦点。映秀镇的城市定位是判断方案是否适合的首要标准，未来的映秀镇是宜居的温情小镇、还是具有藏羌特色的旅游集镇，抑或极具纪念意义的地震遗址，是城市设计方案首要解决的问题。

该方案选取了"中心"与"波形"两大图示符号，以中心意象表达映秀镇作为汶川地震震中以及抗震救灾现场指挥中心的特殊意义，以波形意象表达地震波的扩散，也寓意着全国人民战胜自然灾害的精神力量的传递。"中心"是渔子溪台地上的中心广场，中间矗立着 60 米

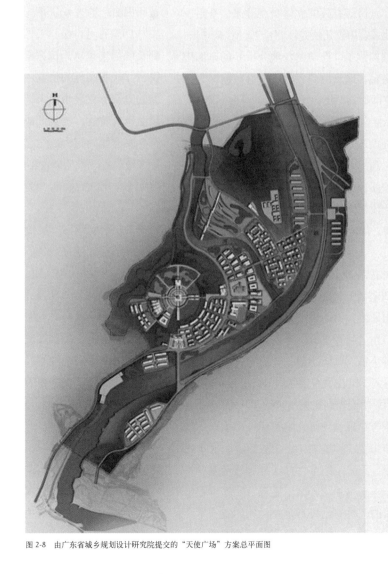

图 2-8　由广东省城乡规划设计研究院提交的"天使广场"方案总平面图

高的天使主题雕像，底座雕刻着汶川地震中丧生的儿童的姓名。广场周边由柱廊围合，人们站在那里可以俯瞰整个小镇。由此，整个城镇空间渐次沿中心台地向外、向下展开，形成了组合有序、错落有致的立体景观效果。今后，汶川大地震震中汶川映秀镇将由"天使"来守护。

规划构建了以渔子溪台地为中心的东西南北十字主轴，以及由"环状＋放射"路网划分的镇区空间框架，形成了"一心、两轴、两廊、三核、六区"的城镇结构。

这种设计充分强化了映秀地震中心地的空间意象，利用岷江西岸平地和台地的高差，形成以渔子溪台地为中心的空间形态。中心台地既是整个汶川地震震中的象征，也是人们战胜地震灾害，体现生命坚强意志的象征。

1）支持观点：震中典范意义不可取代

四川省建设厅教授级高级规划师李永洁说："如果映秀不是震中，就不会征集设计方案，也不用送到省里或国务院讨论。在汶川，体现旅游小镇、风情小镇、历史文化的规划都可以找得到，但在映秀最突出的就是震中地位，以及因为震中而重新挖掘出来的国际性。"

广东省建筑设计研究院总建筑师梁彦彬认为："作为设计和规划，定位最重要。关于重建的典范，到底是纪念性强还是居住性重要？我觉得不管承不承认，愿不愿意，映秀肯定是世界瞩目的，映秀已经不是映秀人的映秀了。人们过来旅游，一定会提到地震，做不做都一样。"

中国城市规划设计研究院副院长刘仁根认为该方案的优点是充满激情、令人震撼，布局有特点，"这种构思在别的地方找不到，只有在这里出现的规划和设计才有特色。至于是不是叫天使广场？可以进一步考虑。"

广东省对口援川工作领导小组项目协调部部长邱衍庆也认为该方案非常具有震撼力。他说："从制高点的位置，以最鲜明的体量和最大的建筑形象表现出来，首先控制了整个映秀纪念镇的特性，浑然天成为一个纪念馆。这也符合映秀作为震中的纪念性，一到镇口就能看到天使广场，很巧妙。当然建筑形态可以改变，比如不采用欧式栏廊，改为羌族风格。"

2）反对观点：对当地居民心理干扰太大

地震后灾区被悲伤的气氛笼罩，全国抗震救灾的呼声很高，国家也对重建提出很高要求。在这种大背景下，"天使广场"方案很好地满足了当时的社会心理需求，在讨论中多数专家对该方案持正面态度。然而中山大学城市与区域研究中心袁奇峰教授以及从广东到汶川挂职，时任汶川县委常委的邓国基的质疑声成了方案评估的拐点。

袁奇峰教授直言，"这个方案有点过了，中国的文化里有天使吗？这是外来文化的概念。"他认为，映秀重建首先应该恢复地震前的城镇功能。"旅游是有生命周期的，兴奋一段时间而已。先有生活性的城镇，才有纪念性的城镇。我们首先应该考虑怎么恢复城镇基本功能，赋予其更好的活力与魅力，探寻民族特色，然后才是与地震有关的纪念意义。"他补充道："一个城镇的城市功能是具有延续性的，它不会因一次的变故就变样，映秀镇依然是为周边山区服务的中心，它还是会恢复到以前平静的状态。方案一、二、五比较接近，方案四更像一个会议中心，像一个单位，不像一个城镇，而方案三纪念性非常强。我们要明确两个问题，首先是恢复城镇的基本功能，第二层次才来探讨纪念性的问题，而且这个纪念性要有一个适度的表示。方案三太过主观，将地震的中心和发生状态强加上去，把这么大的一个纪念性建筑放在那里是否适宜？大家都有一个冲动，要把映秀镇建成一个大的旅游节点，但是我觉得我们应该看得更远一点，以后映秀镇群众的生计如何解决的问题……"

袁教授的发言引发了对映秀镇纪念性、生活性和旅游性的讨论，而邓国基的发言同样引人深思。他说："我在汶川工作的时候发现，家里没有遇难的人会和我们谈起地震，遇难多的则不愿意多谈。地震是一个伤痛，谁都不愿意经常面对，只想尽快恢复正常生活。从这个角度看每个设计，方案三那么宏大的纪念性建设对于群众来说会不会太打扰？在特定日子想起地震就算了，比如清明扫墓，但平常就该恢复日常生活。如果在映秀生活的人都要服从这个纪念意义，群众长期生活在这种状态下受不受得了？我比较赞同让生活能如常继续，是最好的重建典范。"

武汉市城市规划设计研究院院长吴之凌补充道："如果把小镇做成一个大的纪念碑，

是缺乏关联性的。我们的确面临一个问题，中华民族在全世界注目下做了前所未有的救灾之后，我们所激发的民族精神需要一个载体，但我觉得把映秀镇当纪念地来用，有点'做重了'。这些方案普遍有做大的冲动，充满城市化和现代气息，但对这样一个小镇来讲，承载过多内容不适合发展。"

经过两个小时的讨论，四川省建设厅总规划师邱健做总发言时认为，映秀镇的纪念性意义不容忽视，映秀镇不仅具有普通的城镇功能，而且它所蕴含的抗震救灾精神已经融为中华民族精神的一部分，它需要一些载体传承下去，"天使之城"方案虽然在纪念建筑方面做得过大，但是整体基本符合映秀镇的山形、水形，高大的纪念性建筑——天使广场建在一个陡坡上，作为生活区交通不便，但这个地方能俯瞰映秀镇全貌，是极具标识性的，但是方案中的标识物"天使"应当留待商榷。

2．辩证思考

实际上，激烈讨论的实质意在回答以下几个问题：规划主要的服务对象是谁，是当地居民还是社会大众对地震纪念的需求；小镇的核心内涵应该是什么，是经济发展与日常生活还是其他因特殊事件而产生的新需求；规划着眼的时限是什么，是着眼长远还是着眼近期和中期。这些问题将在后续长达数个月的方案修改与争论中反复出现。

可能因为当时大家都受到了惨烈场面和社

会各界救灾热情的冲击和打动，参加竞标的多方都将重点聚焦在新映秀"纪念"的功能上。无论是方案内容和方案阐述上大家都在这一点上投入了较多的感情，仿佛灾区的悲伤与全社会的期望都要通过"纪念"的功能来得到安慰和实现。而甲方参与评估的政府人士和专家也被"纪念"的思想打动。可以看出，此轮规划竞标的价值取向因受到灾后重建特殊背景的影响而明显偏向了纪念功能。特别是社会舆论对建设"纪念园地"的呼声较高。受其影响，竞标方的思想更多地聚焦在了映秀重建在当时和近期的迫切需要上，而没有将思路投射到映秀更本质和长远的需求上。这是社会背景影响规划价值观的较典型实例，也是规划中多数群体诉求与少数群体诉求发生矛盾的案例。然而规划并不一定顺应多数人的意见，逆舆论之大势而行难度很大，但在充分"尊重科学原理"以及"合情合理"的双重支撑下，少数意见也能说服多数意见。映秀规划方案的确定过程就是案例之一。

3．确定方案

阿坝州和广东省负责灾后重建的领导小组在充分了解了专家组的争论之后，稍后又召集专家举行紧急会议进一步磋商对于方案的选择。袁奇峰、邓国基以及吴之凌的观点在一定程度上将过度强调纪念功能的思想偏差拨向了更理性的轨道，并逐渐被评审的专家认同。而同济团队最初强调的"温情小镇，宜居家园"的方案在这一轮的会议中得到了充分的肯定。

最后由灾后重建领导小组宣布由上海同济城市规划设计研究院（下文简称同济规划院）在《汶川县映秀镇地震灾后恢复重建城市设计》方案征集中获得优胜，并与东莞市规划院合作编制映秀灾后恢复重建规划。

回顾映秀规划方案编制的曲折过程，将重点放在"温情小镇，宜居家园"上是更多地考虑映秀长远发展这一主要需求，而方案也同时兼顾了防灾减灾、抗震示范、地震纪念园地的功能，比较合理地平衡了新映秀镇短期和长期的发展诉求。

2008年11月，阿坝州州委常委赵平同志带着中标通知来到同济大学，在校长面前正式委托周俭院长代表同济规划院负责映秀的城市规划工作。由此拉开了同济规划院全程参与映秀规划建设的序幕。从2008年11月到2009年4月间，同济规划院修编了总规，制定了控制性规划和修建性详细规划以及配套的旅游规划。同时同济规划院作为映秀镇灾后重建的总控单位，承担部分规划管理和建设管理工作，及时根据施工现场反馈情况，对整体设计方案进行调整优化；负责提供规划设计条件、城市设计导则、选址及红线划定，并对要求落地的单位进行规模及功能认定，在设计过程中对设计单位提出合理化建议；协办映秀镇景观设计国际招标，并对中标单位进行全程设计总控，确保景观设计达到整体风貌控制要求并满足灾后重建工期要求。时至今日，规划工作仍未停止。我们仍在根据当地居民的反馈和后续要求承担相应的改造和设计工作。

图 2-9　同济大学书记周家伦会同阿坝州委书记侍俊带领同济大学专家团队考察指
导映秀灾后重建（摄于 2009 年 11 月）

图 2-10　2008 年 11 月同济规划院提交的重建规划效果图

映秀镇位于四川省中北部，成都平原西部边缘。东接都江堰市，南邻汶川县漩口镇，西靠卧龙自然保护区，北通汶川县城及阿坝州各县，是阿坝州的重要交通枢纽、门户重镇和川西、川北旅游环线的分水岭。镇区位于岷江和岷江支流鱼子溪交汇处，四面环山。地势以中滩堡大断层分界，西北高而东南低，断层西北为平武茂汶褶皱带火山岩区，山高坡陡、河谷安谧，断层东南属四川台地边缘，山体较低。震前的映秀是比较典型的山区少数民族聚居地，经济发展比较落后，基础设施质量欠佳。受灾前的映秀建成区面积约58公顷；2006年映秀镇实现地区生产总值1 432万元，镇财政收入仅731万元；镇域内就业状况和农民收入状况均不理想。针对映秀镇的实际情况和严重的灾情，为其编制了详细的规划方案。

2.4.1 重建规划方案概览

1. 城镇性质与规模

城镇性质：防灾减灾示范区；"5·12汶川大地震"的震中纪念地；AAAAA旅游温情小镇。

用地规模：中心镇区用地面积2.45平方公里，近期至2010年，中心镇区建设用地规模控制在72.08公顷，人均建设用地控制在126.46平方米；远期至2020年，中心镇区建设用地为104.05公顷，人均建设用地控制在92.9平方米。

人口规模：映秀镇镇域规划总人口为1.22万人。其中近期至2010年，中心镇区人口为0.67万人（含1 300人的中学寄宿学生）；远期至2020年中心镇区人口为1.11万人（含1 300人的中学寄宿学生）；分散建设的黄家院村、张家坪村和老街村人口为1 010人。

2. 城镇体系规划

映秀镇镇域村镇空间布局结构为"两区、两轴、三点"。（附图1）

两区——中心镇区、震中保护区。

两轴——沿国道G213经济发展主轴、沿省道S303旅游发展主轴。

三点——张家坪新农村建设点、黄家院村新农村建设点和老街村新农村建设点。

3. 用地布局规划

映秀镇镇域用地布局规划为两轴、一带、四组团。（附图2）

两轴：岷江城镇生活发展轴、鱼子溪城镇生活发展轴。

一带：地震纪念带。

四组团：镇区中心组团、鱼子溪纪念组团、枫香树发展备用组团、黄家村组团。

4. 综合防灾规划

三级防灾指挥点：综合指挥中心、应急指挥中心、防灾据点。（附图 3）

两条生命线工程：公路生命线、空中生命线。

六个防灾分区：分别是中滩堡片区、73 车队片区、渔子溪上坪片区、渔子溪下坪片区、岷江东片区和枫香树片区。

四类紧急避难和集散工程：分区防灾据点、紧急避难场地、避难和救援信道、隔离缓冲带。（附图 4）

5. 纪念体系规划

镇区内保留的建筑有：建筑遗址类的公共建筑，有漩口中学、原映秀小学；民居有原镇区民居、枫香树村民居；厂房有原镇区厂房。

构筑物及场地遗址类：百花大桥、老 213 国道，以及直升机坪。

自然遗址类：天崩石、枫香树滑坡、桤木林地面断层。（附图 5）

2.4.2　三个主题

整个规划分为三个主题，各自都有相应的主题策略。灾后留给规划者的规划时间不长，

三个主题的确定是在较短时间内激烈博弈的结果。这三个主题权衡了道德与功能、短期与长期、社会大群体与当地人小群体、人与自然等多方面的诉求与矛盾。并且在内涵上具有一定递进关系：抗震教育纪念园地、安居乐业宜人家园以及山水风光魅力小镇。这三个主题实为在新映秀的社会精神层面，小镇主体功能的硬件层面以及文化与风貌的软件层面，为映秀的重建竖起三根支柱，辅助面目全非的映秀尽快走出灾难阴影。规划团队也希望这三个主题能够成为映秀未来发展内涵的主线，指引小镇实现脱胎换骨式的重生。

1. 抗震教育纪念园地

汶川大地震的惨烈，破坏面之广，对人心灵的冲击是强烈的，这一点几乎必然需要在规划中体现。规划初期，众多援建方都提出将映秀建设成全国最大的遗址保护地。但这种社会大人格还是尊重了灾区人民的小人格，社会大众对遗址保护的需求最终让位于当地居民对重建美好家园的需求。但这种让位不等于取消纪念功能，只是改变了遗址保护与新建园建设两者的比重，这是博弈的结果。遗址保护的内涵从让后人记住痛苦与灾难，转变为让后人记住并敬畏大自然的力量，将灾难的痛苦转移并化解于建设安居乐业美好家园的目标上。这是一

种将心理阴影转变为敬畏，再在敬畏之上重新激发信心和阳光的心理创伤治愈过程。这是普通规划不曾考虑的功能，是映秀规划独有的属性。当然，对国内外各方波澜壮阔地救灾援建过程的感恩和纪念，也是这一主题的目标之一。同济规划院设想了三大策略来实现教育纪念原地的功能：

一是通过设立主导功能分区来建设"纪念之城"的结构。映秀震后的遗址与部分景观极具价值，将它们打造成汶川地震纪念公园、汶川地震纪念广场、汶川地震纪念馆与漩口中学遗址纪念地。将它们作为纪念体系的关键节点，各节点之间利用廊道联系勾连成环，形成城市的精神核心与空间骨架，成为人们缅怀历史，铭记映秀的重要载体。以此为城市功能布局的主线条，合理安排城市各项功能，打造纪念之城。将这一骨架融入小镇，既不影响小镇生活，又能承载纪念功能。（附图6）

二是通过不同的城市肌理来突出"时空对比"的特性：通过新老镇区的强烈对比，纪念区与生活区的对比，生态涵养区与城镇活动区的对比来体现自然之力与时空之力在城市中的交融。这种交融在新映秀延续了老映秀以及2008年地震灾害的印象，却是淡淡的印象，模糊的画面，是植根映秀心灵深处的人格，既传承了历史，又不影响新映秀居民的生活。这是一种度的把握和体现，对灾害的记忆与对未来的希望将把映秀镇的幸存者和援建者紧密地联系在一起。

三是通过多方重建模式构建"众志成城"重建灾区的物理平台：依据该策略，重建过程中将按照项目类型划定不同的重建区块，引入多个设计方、重建方来共同重建映秀。力图建立一个多方参与，多种渠道融资的重建平台，展现出"同舟共济，众志成城"的重建决心，实现重建的多元化。但是多方重建模式也对管理也提出了更高的要求。（附图7）

2.安居乐业宜人家园

"安居乐业宜人家园"是三大主题第二层次的内涵，也是映秀灾后重建在重建目标与老百姓期望逐步转变之时的任务。在最初的救生阶段，老百姓的心态是求生，获救就是他们最大的欣慰。而获救之后，他们的预期将逐步转变为安家和立业。在这种转化过程中，援建者需要做到救生与救心并行。让老百姓从绝望中走出，并逐渐萌发出继续将人生走下去的希望。人性的本真告诉援建者：当人在困难中看到了希望，人心就更坚韧，幸存者就会更加勤奋努力去重建家园。后来，事实也证明的确如此：面对援建者的艰苦付出与规划的科学全面，幸存者大都以满怀希望的心态去面对灾难，进而以更大的热情去经营新建的产业，形成一种发展的良性循环。国家与援建者对规划重建表现出的决心、责任感与勇气在灾后很长一段时间都对灾民构成了莫大的心理支撑。在规划研究之初，安居乐业宜人家园正为这种心理的转变设定的目标。

作为该主题的支撑，同济规划院将土地利用、产业布局、公共空间、道路交通设施、道路交通设施、旅游休闲系统、地上下空间综合利用、防灾避险格局共9个方面的规划纳入考虑，力图打造科学完备的基础设施支撑体系，为映秀未来的发展打下坚实的硬件基础。

其中，在土地利用方面，规划力图最大限度地利用山水景观营造亲水乐山的居住和生活空间。以河道和河道交汇口为规划线索，建设城镇的商业核心区，沿河道展开，布置居住、文化教育设施。在产业布局方面以旅游导向产业为主，结合居民的居住模式，发展特色旅游服务行业。开辟独立区块，发展工艺品生产、特色农业等相关产业，就地解决震后居民的就业问题。在公共空间层面采用人性化的社区和镇区型公共空间，在居住模式上采用开放式空间，以供游客游览参观。镇区型开放空间则作为城镇的纪念、游览和日常集会场所。在道路交通设施上整个镇区通过G213国道一脉相连，与滨江路（岷江）共同构成镇区的主要车行交通体系。而在各旅游纪念节点之间设置有旅游、商业廊道，

沿岷江和渔子溪设置休闲廊道，居住区与商业区之间设置功能性通廊。在旅游休闲系统方面以遗址公园、地震纪念馆等作为主要旅游节点，相互间通过步行廊道贯通，配合与居住相结合的休闲娱乐场所，构建一个以纪念为主，兼顾休闲娱乐的旅游休闲系统。小镇的防灾避险体系着重注意了疏散通道的双通道建设，城市供水系统双套设备建设；并且合理安排城市各项建设用地；建设地下防灾避灾空间等措施。希望这九大系统的建设将为映秀未来的发展打造出系统完备，支撑能力强和面向长远的配套基础设施。

在规划上将重点放在小镇的产业恢复、生活环境、防灾减灾能力等民生方面，逐步让老百姓对规划形成一种信任和依赖，因为这是为他们生存发展制定的规划。很多对纪念功能的要求都让位于老百姓的利益。事实证明，这种来自老百姓的信任和支持是映秀最终实现比较成功的规划重建的重要因素之一。这不是一种高高在上，不可触及的规划，而是与当地人充分协调的规划。（附图8）

3．山水风光魅力小镇

第三个主题是在前两个主题基础上的延伸结果，这种延伸再次体现在物质层面和精神层面。从物质上来看，该主题意在解决基

本的配套基础设施建成后映秀进一步发展提升的问题，解决人与自然长期和谐共存的问题，解决当地老百姓心理诉求进一步提高的问题。

就映秀的发展提升来看，配套基础设施建成，产业逐步恢复后，映秀对发展内涵的要求会更高，将转向更加可持续发展的模式，更加人性化的模式。这就是山水风光魅力小镇的建设目标所在。映秀将实现由灾区变景区，人与自然和谐相处的发展状态。而当地老百姓在经历了灾后绝望，被救燃起希望，生产生活基本恢复之后，他们的诉求将向更高的层次转变。他们会要求有更舒适的生活环境，看到更长久的发展方向。这是"让相助成为阳光"理念的后续延伸，也包含了"将灾区变景区"的想法。

我们希望新映秀的发展在具有了精神高度（教育与纪念）与现代的基础设施以后，在灾害的伤痛痊愈之后带着良好的心境和环境走向未来。这一目标由景观打造，民族特色文化，新老小镇风情，街巷风貌系统，景观标识系统来支撑。

景观风貌方面，与家园的功能主题相对应，规划尽可能让建筑与开场空间实现更自然的衔接与融合，山、水、田、园与建筑群组相互交融。小镇的广场、街道、院落、建筑底层相互联通，它们沿着廊道纪念标识和景观小品散布其中，具有移步换景的效果。廊道是小镇最主要的城市空间特色，整体风貌效果向"映水、秀山、铭城"靠近。

援建规划开展的初期，各路人士的见解层出不穷。其中有观点认为外来援建对当地来说是文化上的破坏等。对口援建客观上或许的确存在上述问题，但是我们尽量在规划中贯彻"让尊重成为自觉"的原则。充分与老百姓沟通，了解当地文化。基于"民族的就是世界的"这一理念，规划特别注重民族特色的提炼。我们充分利用映秀藏、羌、回、汉文化交融的历史背景，通过打造核心风貌区、建设传统文化景观建筑和民族居住群落，力图在传承当地文化的基础上有所提升，创造各具特色的建筑文化。这也是集群设计所要达到的效果之一。

具体来看，小镇风情的建设将川西商业文化、羌藏文化体验、滨水餐饮休闲和户外体育运动的元素纳入小镇风情的打造当中，营造出一种"时空对比"的效果。街巷风貌与景观标示系统着力重建小镇生活的氛围，帮助映秀的老百姓尽快适应新家园。山水风光魅力小镇的长期目标在于让映秀的人们能够惬意的居住，镇区宛如开敞的大家庭，坐在家中或是漫步在街道上畅想幸福的未来……

震后来自社会各界的不同声音如万箭般射向在映秀"战斗"的规划团队。在这种复杂环境下经过艰难博弈筛选出的三大理念与三个主题对映秀后期的重建具有决定性作用，为映秀未来的发展确定了基调。

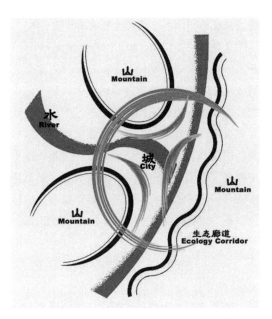

图 2-11 2008 年同济对映秀镇自然环境的分析"三山两水夹一城"

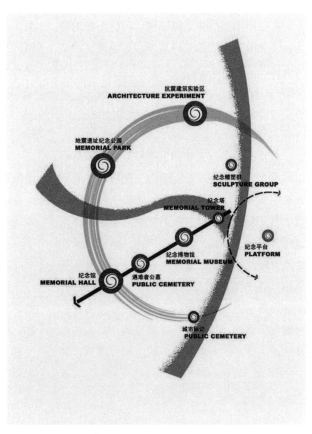

图 2-12 映秀镇区纪念体系规划图

2.4.3 六个目标

六个分目标的制定起到支撑和丰富三大主题内涵的作用，是目标细化的支撑性骨架。同济规划院提出了：生态宜居示范、产业持续示范、纪念体系示范、安全体系示范、建筑形态示范与重建进程示范六个分目标。它们涵盖了生态环境建设、产业恢复、抗震纪念等多方面边界条件，是多种诉求的平衡。从这六个目标的排列顺序反映了我们当初对这六个分目标重要性主次的认识：对映秀日常生活的重建始终被放在纪念以及其他因素的前面。它们将为映秀的重建构建起一套完备的支撑体系。

六个目标角度不同，但都以示范性为基本要求。这既是对同济规划设计的高标准自我要求，是对映秀重建责任心的体现；同时也符合国家提出的将援建工程建成示范性工程的要求。映秀的重建的经验将为今后其他地区的灾后重建提供重要参考。

1. 分目标一：生态宜居示范

该目标将生态重建和生态修复作为震后规划的重要内容之一，针对映秀三面环山中间临水的生态资源，提出"三山二水夹一城"的城市生态景观格局，通过一条完整的生态通廊来链接各个生态要素。将周围山体、穿城水系作为映秀镇整体背景，通过生态廊道创造整体连贯的自然开敞空间，结合山脊绿带、山谷绿带、滨河绿带生态走廊，将城市外围的自然森林引入城市。另外，结合城市开敞空间、公园路以及绿道、蓝道的网络设计，使之相互渗透。将

映秀镇城市与山水自然景观形成和谐统一体。

这是一种使"山、水"的自然要素和"城"的人工要素和谐对话的理念。在整体意象上，同济规划院希望新映秀能让居民体验居于山中宽广的胸襟，而将水作为秀丽悠远的脉络，让人感受居于水岸悠远的意境；将城打造为闲居世外的桃源，营造居于桃源畅快的情趣。映秀不能突兀地被重建于原址，新映秀要尽量与周围的自然环境相融合。这是一种尊重自然的体现，是"让尊重成为自觉"理念的一部分。

2. 分目标二：产业持续示范

映秀镇震前因借便利的交通，旅游产业已有初步发展，震后的恢复重建无疑进一步增加了发展旅游业的优势条件。规划因而将灾后观光旅游作为其旅游的主要特色，旅游产业将是镇区经济的主要支柱之一，并将之打造成为贯穿震前、震后良好发展的产业典范。规划提出地点发展策略作为支撑。

1）地震旅游为主体

规划将地震旅游的开发摆在首位，形成以地震旅游资源开发带动区域内其他旅游资源的开发，成为地区的名片，这是映秀旅游业获得成功的必然选择。

2）休闲旅游为依托

作为对地震旅游的重要补充和支撑，休闲旅游将拓展映秀旅游以地震为核心体系的深度和广度，效法丽江地震后迅速发展的先例，开发具有地域特色的风情街区，增加娱乐、餐饮、

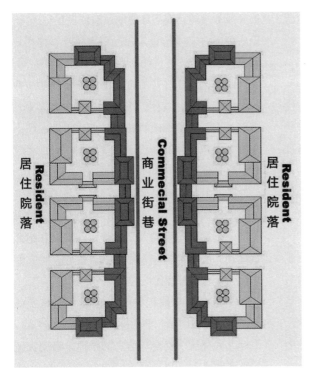

图 2-13　2003 年同济规划院在投标方案中提出的映秀镇区策略 - 产业示范图

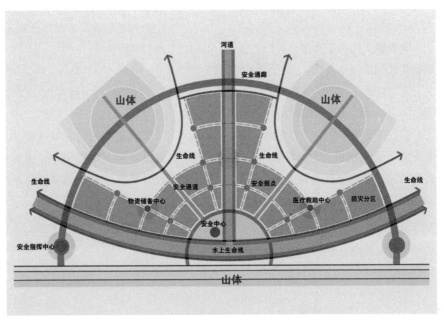

图 2-14　2003 年同济规划院在投标方案中提出的映秀抗震体系模型

住宿与酒吧等功能要素。拓展游客在映秀旅游的选择面，促进旅游产业的可持续发展。

3）生态旅游为支撑

利用映秀优越的自然条件与丰富的地方特产推行生态旅游，以生态农业为重点。对传统特色食品、药品与纪念品进行重新包装，增加特色产品生产的可参与性以激发游客的兴趣，在提高旅游产品附加值的同时丰富旅游内涵。

4）创意旅游为补充

利用丰富的地震遗留资源，利用独特的遗址建立户外运动设施与艺术展览场地，定期举办大型户外活动与艺术展览，吸引游人特别是年轻人的参与，提升映秀的城市品质与知名度。

这四大策略将为映秀的旅游业打造多元化的支撑，吸引多元的游客。

3．分目标三：纪念体系示范

映秀镇灾后恢复重建具有历史意义，其过程需要强调"纪念"性。"纪念"思想的主旨在于感谢抗震重建中，世界人民和全国人民的同心协力给予的帮助，同时缅怀逝者。从空间上来看，规划结合环形生态走廊，修建环形步道系统，形成主要的纪念体系，串联各个纪念教育设施，并且结合两条主要水系，"T型"

展开服务功能。规划环绕地震遗址设置纪念林，以方便参观者步行进入和近距离感受，并在局部设置了供游人种树纪念的地块。

映秀因地震在广知度上的提升将为旅游业的发展创造有利条件，规划结合了各种要素，力图最大限度发挥映秀镇旅游业，推动在纪念与教育上示范性的建设。同济规划院考虑了三个策略来支撑示范性建设：

一是利用地震新资源，如具有科考、科普价值的地震遗迹，具有警醒、纪念意义的地震遗址以及后来产生的人文类碑记、石刻和纪念建筑物、展览实物、人物事迹等资源，将它们开发为具有不可替代性的旅游产品。

二是有计划地积极推出地震主题旅游活动，增加受灾区域与非灾区区域的城市与乡村、山村之间交流，资金与信息的融通，带动灾区的经济发展。

三是利用老城区废墟遗址建设纪念公园，规划博物馆、地震教育主体公园等，将科普教育、纪念与游憩旅游活动结合起来，发展全国性的地震教育基地。

4．分目标四：安全体系示范

老映秀的防灾减灾能力差、系统性差、设备落后、覆盖面窄。老镇区没有专门规划设计的防灾减灾体系。针对老映秀的情况，

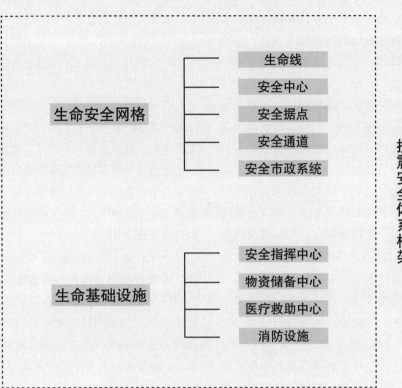

图 2-15 映秀抗震安全体系构架

新映秀规划的抗震安全体系由生命安全网络和生命基础设施两部分构成。其中生命安全网络着力在空间上形成点、线、块、面全面而准确覆盖镇区各地的防灾减灾体系。该网络将结合城镇开放空间，水系及道路系统，构筑以生命线、安全中心、安全点和安全通道等组成的网络系统。这些防灾设施将充分利用学校操场、停车场、广场、绿地等公共空间作为防灾避灾场地，实现防灾设施与日常生活设施的复合共用。同时，规划将着力提高城镇交通、通讯、供电、供水、煤气、热力、消防等系统的抗灾能力，将这些管线统一安置，便于管理检修。这一网络重在提高映秀防灾减灾体系的系统性和协调性。

安全基础设施体系主要从建设高品质综合防灾救灾硬件设施的目的出发，提高设施在灾害中的抗损毁能力。这些设施是生命安全网络体系的支撑，涵盖消防、应急物资储备、应急通讯、应急医疗救助等设施。该体系要保证设施平时安全有效、灾时迅速发挥救援功能。

这两个安全体系都引入了冗余设计的理念。例如映秀的道路系统为双通道出入、双保险体系，以保证受灾期间其中一条道路被毁时仍有另一条出入口。镇区也将增加城市道路密度，街坊内部增加疏散通道。在功能布局安全方面，公共服务用地力求合理选址，居住区避险防灾实行模块设计，每个区块都有独立的资源储备和供水供电体系。其次，安全支撑体系也设计了双水源系统，双电源系统。

5. 分目标五：建筑形态示范

新映秀的建筑是集21世纪新理念和新技术为一体的产物，它们在实用性、采用的技术和艺术性上都已在老映秀建筑上实现了跨越。规划着力将映秀新建建筑最突出的三个方面做成示范：抗震建筑示范、节能环保示范和民族特色示范。同时，这三个示范也包含了建筑师们设计阶段付出的大量心血。

在建筑示范方面，采用了集群设计的模式，即集合数位建筑师或建筑团队之合力，打造博采众长、兼容并蓄的建筑试验区，该试验区抗灾建筑可以在理念、结构、造型、取材乃至地域性等维度有着无限外延的建造方式，本质上却秉承共同的话语，那就是"为灾害疗伤"。同济规划院邀请国内外著名建筑师发挥各自特长，率先建起一批具有示范意义的建筑，成为更大范围内建筑建设的形态示范，同时也成为镇区旅游业发展的一处具有吸引力的亮点。

在节能环保方面，灾后恢复建设中尽量利用本地材料，尊重传统习惯，保证高质量高速度的建设；尤其是对电力供应、污水处理等市政设施建设要强调节能环保。同济规划院考虑了对太阳能、风能等清洁能源的利用。

映秀镇地处羌族、藏族、汉族的文化过渡地带，建筑的传统特色比较鲜明。例如该区域羌族传统民居雕楼比较多见；而四川民居极其注意与环境的融合，平面布局灵活，空间变化有序，多为悬山式穿斗木结构，砖砌围墙。四川山区居民也喜欢顺应地形建房，依山而居。我们在建筑设计上尽可能考虑了这些传统元素，继承地方传统但又力争有所创新，突出时代特征。将映秀打造成极具民族特色的新镇区。（附图9）

文化的重要性在社会经济发展过程中至关重要。文化对地区来讲是一种支撑性力量，是心灵的框架结构。有文化延续的地方，人的心灵是强大的，内心是踏实和稳定的；文化繁荣的地方更容易看清未来发展的方向，有文化的地方更具有发展的潜力和希望。因而映秀传统文化的保存和发扬是映秀重建的重点。

6．分目标六：重建进程示范

两年内实现映秀的规划重建是特殊情况下的特殊过程。重建过程面对着各种极化的矛盾和复杂的利益协调；而倒逼的时间点犹如泰山压顶，每位重建者都背负着重大的压力。这是对人的体力、心智和智慧的综合考验。这种复杂环境逼迫规划重建采取大量创新性管理方式，新型规划设计模式等。这些为保质保量实现规划重建进行的创新实践和总结出的宝贵经验，是重建进程示范的核心内容。

例如，重建进程积极鼓励各方力量参与。如，重建以中央农村土地流转政策为指导，适时出台具体规范措施来引导包括政府集资、村民自筹、开发商参与等多种形式筹措建设资金。

不同的重建主体与不同的重建模式，都要在同一时间节点交出答卷，这对重建进程中的协调与管理提出了极高的要求。

又如，建筑方面，除去与当地政府联络沟通时间，设计方仅用一个月就完成样板房的全部设计、施工，达到入住标准。住房设施的产业化生产模式使得全国的生产能力被充分调动，大大加快建设进程；标准化、模数化生产保证了产品质量得到严格控制；量大面广的灾区重建促进了规模化生产，规模效益使成本降低。映秀在建筑上实现了速度、质量、成本多方面的平衡。

映秀规划重建过程挑战不断，众多利益群体和不同领域间的矛盾异常复杂，又在短时间内汇集于映秀。理性来看，映秀抗震救灾指挥部通过不断收集各方信息，迅速进行整合处理，下达创新性应对策略等方式，实现了协调平衡复杂系统内复杂问题的目的，重建进程在乱中基本实现了有规范、有条理。创造出一种映秀重建进程模式。（附图10）

2.5 重建规划的认识

〜〜〜〜〜〜〜

2.5.1 对重要问题的清晰界定

映秀重建规划是在一个相对特殊的社会时间段所完成。无论是灾后不稳定的地质环境、多样化的利益诉求、敏感的政治舆论导向，还是多方构成援建力量，这些情况都不是一般的小城镇总规所常见。在这个前提下，对于规划方案完成的态度、服务的对象、规划时限和应用技术等基本判断显得尤为重要！

1. 采取的规划态度

这是最根本和最先需要解决的问题。面对复杂环境和紧迫的时间，规划是采取随波逐流式的简单顺应原则，还是更严谨地尊重科学的原则，这尤其关系到规划的具体执行。前者可以避免很多矛盾，节约重建时间，而后者需要对大量利益、技术等方面的矛盾进行仔细权衡，着眼长远开展考虑，显著增加规划编制和执行的复杂度，在仅一年多的规划重建时间上又增添了压力。最终同济规划院选择了后者，因为深知映秀规划重建的重要性，我们要让尊重成为自觉。

2. 规划着眼的时限

这关系到规划理念和目标的制定。着眼

短期中期的规划将更多考虑近期诉求，包括纪念功能，镇区基础设施重建，产业的恢复性发展等；着眼长期的规划将重点放在引导小镇远期发展，可持续发展上。更多地考虑小镇历史文化传承，经济产业的长期发展，生态环境的保护以及居民的长期福祉上。中短期诉求将被放在次重要的位置。同济规划院最终选择了以长期利益为重的规划方向，因为映秀的重建是历史性的，需要经得起历史的检验。

3. 规划的主要服务对象

这直接涉及规划的道德选择以及对不同群体诉求的平衡。社会的诉求是将映秀建成全国最大抗震教育纪念地；政府希望规划为映秀的长远发展奠定基础，各部门希望独立圈地办公；老百姓希望心灵早愈，重新安家立业，过幸福生活，各方诉求不一而足……规划最终以老百姓的诉求为重，同时兼顾其他群体的利益。这是人文关怀的体现，我们最终选择编制以人为本的规划。

4. 规划的主要功能

重建映秀基础设施，恢复小镇经济是规划的基本要务，国际上大多数重建规划也止步于此。然而这是一次汇集大爱的援建，充满人性光辉的援建。作为规划者自然意识到该规划不能仅仅着眼物质层面的重建，还要将心灵治愈和示范性提到很重要的位置。这是一次高于技术的规划，是救生与救心相结合的规划，如果居民内心的阳光不能随同新映秀的建成而重现，重建就没有充分发挥作用。规划要协助幸存者的心灵一步一步从严重受伤的状态向重燃追求新生活的状态演变。另外，规划重建必须为今后类似情况提供参考，包括管理组织模式，防灾减灾标准等。该规划必须充分体现出映秀重建的特殊性。

5．短期内完成重建需要的特殊管理方式与技术

直接参与过映秀重建的人士普遍将映秀的规划重建比喻成一场波澜壮阔的战斗。从同济规划院接到规划任务到映秀重建完成，仅有一年略多的时间。如此短暂的重建项目必须采取一系列非常规的管理手段。这些环节涉及：密切与当地老百姓沟通互动，管理组织模式，规划设计模式，施工技术，后期跟踪等方面。规划的编制要将这些问题纳入考虑，并在实施过程中以最迅速的反应做出应对。

2.5.2　内在目标与策略的一致性

规划目标与策略的制定过程与素描的描绘过程有一定相似性。描绘一幅素描从粗线条轮廓开始，逐步细化、具体化；一幅素描是逐渐从"雾中走出"，主线与轮廓逐步细化深入，细节越来越清晰。

映秀规划编制经历的时间短，但目标与策略同样是"从雾中走出来"的。这团雾就是规划编制面对的复杂环境：物理环境复杂，利益群体诉求复杂，社会舆论环境复杂，政治环境复杂，援建力量复杂。在这样一团迷雾当中，我们通过大量的前期背景情况收集，逐步实现对问题的清晰界定包括：规划态度、规划时限、规划服务对象、规划承载的功能、重建组织管理方式，进而在激烈的讨论中逐渐确定规划的内在目标（理念）：小镇、家园、示范。以理念为基础，规划的三大主题策略与更细化的分目标策略才得以具体化。

对规划环境的判断，主要问题的界定，规划内在目标的确定，规划策略的制定这几个步骤之间具有紧密的交叉对应关系，它们之间的内在逻辑形成一条规划的主线，将矛盾与挑战、内在目标与策略四者紧密串联在一起。这一过程和步骤间的联系可用以下结构图来表示：

图中的箭头代表上一级界定的问题在思考

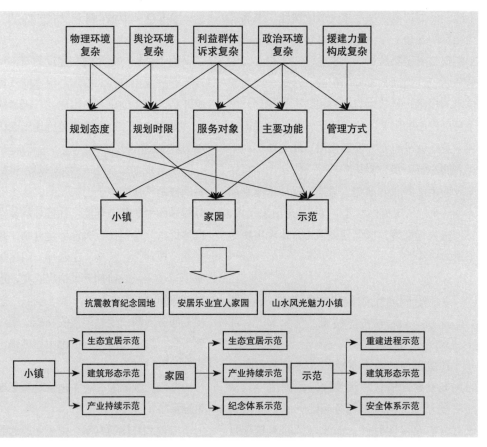

图 2-16 映秀镇规划策略形成关系图

哪些下一级问题时被纳入考虑。例如：在考虑规划时限、规划服务对象以及规划主要功能时，均将复杂的利益群体诉求纳入考虑；在对各方诉求进行权衡后，规划将映秀民众的长远福祉放在主要位置，以建设美好新家园作为相应支撑，同时配合建设地震教育纪念园地；规划时限因而侧重于映秀的长远发展，同时保证中短期发展需要。规划的功能定位相应更加多元：除了重建家园的主要任务外，兼顾纪念教育、防震减灾以及重建进程示范等功能。又如："示范"的内在目标与"规划态度"、"主要功能"以及"管理方式"这三大关切联系紧密，是三者的直接体现。规划以人为本、尊重学科的态度，规划的管理推进方式，规划的抗震减灾功能等多方面都要体现出示范效应。

从图中可以看出，映秀规划面对的问题是非常多维的，是相互关联和交织在一起的系统性问题，这也充分佐证了规划编制的难度。

作为小镇、家园、示范三大内在目标的支撑，规划制定了生态宜居示范、产业持续示范、建筑形态示范、纪念体系示范、安全体系示范以及重建进程示范六大策略。它们与三大目标同样具有内在逻辑上的一定联系。

从工具理性的角度来看，科学的规划方案需要对规划期限范围内的问题有足够的预估，制定合理的目标与策略，使城镇未来的发展演变在规划可控的范围内运行。而目标与策略的制定是基于对现有情况的综合分析，新城镇组织生长于过去与现在构成的基质中。规划是基于现在而通向未来的工作，是连接现在与未来桥梁。从两张关系图可以看出的是，映秀规划编制步骤的逻辑顺序，相关元素之间的内在联系，以及目标与策略的高度对应性和一致性。

综上所述，映秀重建规划方案在这两方面都做得较好。既界定了重要的清晰问题，也在目标和策略上有完整的清晰的逻辑。但是方案的完成只是映秀重建规划中的一部分，更重要的是随后具体的实施管理过程。具体内容将在下一章中进一步阐述。

03

映秀重建的高效进行有赖于一个精细的机制设计。

这个机制中最重要的一环就是全过程规划。映秀灾后百废待兴，
要在短时间内重建一个小城镇，并赋予它生机活力，需要规划的全程指导控制。
从规划编制到规划实施，乃至建成后的长期维护与完善，映秀的全过程规划模式为小城镇的
规划建设提供了可供借鉴的模式。

3.1 规划实施机制的探索

全过程规划是指从规划编制到规划实施的一体化衔接，也就是说从持续的角度来看待规划。不仅要关注应该做什么，同时也关注应该怎么做。加强各个阶段之间的联系，保证整个过程的连续性。这一点在规划中十分关键。规划实施过程中会遇到各种实际问题，编纂方案时不可能一一想到。更重要的是，由于城镇建设工程浩大，涉及多个利益主体，它们之间的利益博弈会极大地影响方案的最终实施。因此从规划编制到规划实施，是一个不断动态调整的连续过程。但是在目前的规划实践中，这两个阶段通常都是割裂的。它导致了大多数的规划师精于设计与制定方案，却缺乏规划实施的实务知识。

3.1.1 小城镇建设需要全过程规划

映秀为规划师提供了实践全过程规划的机遇。它丰富了规划师的认知，为小城镇规划提供了模板，具有普遍意义和专业价值。全过程规划有赖于完备的重建机制，一个融合了规划的高效行政指挥系统。

在轰轰烈烈的灾后重建背景下，映秀重建规划作为小城镇规划的实质不改。映秀的全过程规划极大地丰富了规划师在专业领域，尤其是规划实施方面的能力和认知，更为小城镇规划提供了一个可供借鉴的模板。尤其

是对于一般小城镇来说，在没有健全技术储备和实施保障及管理机制的情况下，方案与实施的断裂使得规划无法起到应有的指导城镇建设的作用。也正是在这些方面，映秀全过程规划做出了有价值的探索，具有一定的参考意义。

作为一个典型的小城镇，映秀规划需要应对的问题具有普遍性。其经验在小城镇建设中具有推广价值。特别是需要在短时间内完成大量集中建设的小城镇，尤其需要引入全过程规划机制。

映秀重建提供了一个契机，使得规划师能够对以往不熟悉的规划实施领域进行探索。在短期密集建设与跨专业协调这两个方面积累了大量经验。其规划实践的宝贵经验在小城镇规划建设上非常具有推广价值。

1. 短时间内的大量集中建设

这不仅是映秀灾后重建的特殊情况，在国内也十分常见，只是强度与广度略有差异。中国的城市化快速发展，城镇用地迅速扩张。大量村民迁移到城镇中去。在城乡统筹的大背景下，城市的发展离不开村镇建设，小城镇建设更是如火如荼，亟须专业规划的指导。随之而来的第二个问题是规划力量的缺乏。小城镇在规划建设方面往往缺乏相应的技术储备和经验

图 3-1　建设中的中滩堡大桥（摄于 2010 年 9 月）

积累。传统的规划、管理、实施相分离的模式，由于规划力量的缺乏进一步加剧规划编制和规划实施之间的割裂，导致规划无法起到应有的作用，完全复制大城市的模式又会带来过高的行政成本。

与大城市的对比，说明小城镇尤其需要全过程规划机制。映秀的全过程规划正是在这方面做了有价值的探索。

2. 规划实施的多专业跨度是另一个无法回避的问题

大城市中由于高度分工，作为编制主体的规划师和规划实施主管部门之间保持了很大的距离。但是大城市具有完备精细的建设机制和畅通的沟通渠道，具有处于规划编制和规划实施各部门的高素质专业人才，可以保证各方的利益诉求得到表达和协调，保证规划制定和实施的科学执行。然而小城镇缺乏这样的机制。小城镇规划建设机构分为村镇建设管理机构和村镇建设企事业机构两种类型。一是由于整体规模较小，行政权力扁平化。二是小城镇规划管理法规不配套，缺乏法制监督机制。各个利益群体，尤其是普通居民缺乏表达诉求的渠道。再者规划管理人员的专业素质相对较低，对规划设计的解读存在偏差。这些导致了小城镇建设的混乱，缺乏公众参与等问题。

规划师的全过程参与有助于在较低成本的情况下改善小城镇规划建设现状中存在的大规模建设下的规划可控度不高，以及技术储备不充分的矛盾。映秀规划正是在这方面做了积极的探索，为其他小城镇提供了有价值的参考模板。在规划实施过程中，根据小城镇发展的现实需要，及时增减规划的内容与深度，做了停车场、照明、登山道、围栏、综合服务中心、公厕等专项的规划设计内容。规划师对于小城镇建设的方案编制和实施能够全程控制监管，将促使规划起到对于城镇建设的科学保障作用。

图 3-2 建设中的映秀新镇（摄于 2010 年 9 月）

3．乡村规划师制度的探索

针对规划编制和规划实施之间的割裂问题，全国各地都在进行规划编制责任制度的实验。比如深圳龙岗的顾问规划师制度，天津的小城镇总规划师制度。

1）深圳龙岗的顾问规划师制度

2001年，为了提高区镇村的规划建设水平和意识，加强城市规划建设的管理，促进城市规划的实施、进一步落实公众参与规划，推动城市化进程，深圳市龙岗区建立了"顾问规划师制度"。龙岗顾问规划师的主要工作内容是：提供所服务镇、村规划建设的专业咨询服务，研究镇、村的经济发展现状，协助研究镇、村的环境改造和规划设计构想，促进规划实施，参与城市发展课题的研讨，规划的宣传和促进规划意识的提高。龙岗以区城市规划委员会为主要责任部门，通过有效的组织方式，将区镇村各级政府、各职能管理部门、管理人员、专业技术人员和民众有机地联系起来，通过顾问规划师的工作，在镇村政府和规划管理部门之间，村民和政府之间，专业和日常生活之间架构一座协调和沟通的桥梁。此制度的构建，旨在对快速城市化地区现行城市规划管理体制进行延伸和补充，建立公众参与制度化的途径，以此来巩固和深化村镇规划管理，引导和推进镇、村的规划建设。

2）天津的小城镇总规划师制度

为了全面提高小城镇规划设计水平，确保中心镇规划落到实处，2006年天津市建立了中心镇总规划师制度。总规划需全程负责项目的规划编制、实施，以及建筑、环境、市政设施等方面的设计工作，并对中心镇的重大工程施工进行技术把关和监督。此举将有效地提高项目建设的连续性和执行力。但是由于总规划师在甄选上没有完善的制度，所选择的总规划师并非长期服务于本地的规划人员，因工作调动等原因，导致总规划师岗位的缺失，天津的总规划师制度施行一年后，没有得到有效的延续。

参考了全国经验和包括映秀在内的其他小城镇灾后重建中积累的经验，成都市也于2010年正式建立了乡村规划师制度。以提高农村地区规划管理水平，加强基层规划干部队伍建设。《成都市乡村规划师管理办法》中明确了乡村规划师的权利：

（1）对乡镇发展定位、整体布局、规划思路及实施措施，与乡镇党委、政府提出相关意见的权利。

（2）参与乡镇党委、政府设计规划建设事务的研究决策的权利。

（3）负责代表乡镇政府对政府投资性项目、乡镇建设项目的规划和设计方案的规划审查权利。

（4）负责代表乡镇政府对乡镇建设项目

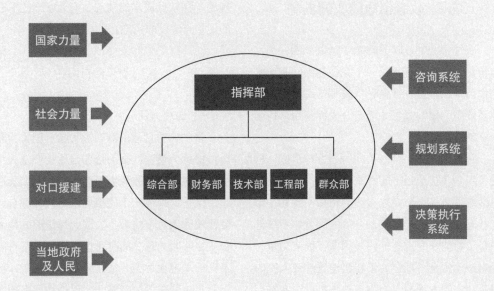

图 3-3 映秀镇灾后重建指挥部关系简图

的实施情况提出意见与建议。文件中规定涉及乡村规划问题，所负责的乡村规划师必须有明确意见。乡镇党委、政府要充分听取和尊重乡村规划师的意见。这一点保证了乡村规划师一定的行政权力，从而保证了规划专业建议的落实。

3.1.2 政府领导的实施机制

全过程规划是映秀重建中很重要的一环。但是它的实现也有赖于一个完备精细的重建机制作为保障。在一个融合了规划的高效行政指挥系统中，规划人员才能充分发挥作用，科学保障映秀重建。

映秀重建有一个高效的行政管理机制，构成了规划实施最根本的背景和保障。这个机制包括两部分，一个完整有力的指挥系统和一个能够有效运行的运作机制。映秀的重建指挥部整合了参与映秀重建的四股力量：国家力量、对口援建力量、社会力量和当地政府及人民的力量。这四方面的人力及资金被打散，并按事务划分成不同的部门：综合部、财务部、群众部、工程部、拆迁部和技术部。指挥部内大致可以分三个系统：咨询系统、规划系统和决策执行系统，这三个系统也被有机地整合在一起。指挥部内具有严格的监督回馈和责任追溯制度，保证其高效运行。这个指挥部有效融合了规划系统，是全过程规划的强有力的支撑体系。

另外，时任阿坝州州委书记侍俊在阿坝州重建委员会会议中提出要给予规划师的专业以充分的尊重，并提名笔者作为映秀重建工程的总规划师。通过明确职权、固化规划制度，使得规划师可以全程地多角度地参与到映秀重建的各项工作中去，保证规划师可以充分发挥理论和实践上的专业技能，提高规划的效率，有助于在较低成本的情况下有效管理控制映秀的规划与建设的实施。

Ⅰ. 指挥部的构建

1) 四股力量

参加映秀重建的有四股力量：国家力量、对口援建力量、社会力量和当地政府及人民的力量。这些资金和人力因为映秀重建聚集在一起，但是如果彼此不能很好地协调和配合，就会使映秀重建事倍功半。因此指挥部的构成整合了这四股力量。同时考虑到四股力量可能因不同诉求出现冲突，彼此意见不合，指挥部内部避免按照来源划分部门，而是按照事务划分为综合部、财务部、群众部、工程部、拆迁部和技术部六个部门，每个部门都有自己的职能。这样一来，四股力量被打散融合进不同的部门里，建立了一个统一且能够高效运作的指挥部。

2) 三个系统

指挥部内大致可以分三个系统：咨询系统、

规划系统和决策执行系统。指挥系统将这三个系统整合在一起。咨询系统由规划、策划等方面的专家组成，如周俭院长等。他们对规划的合理性有一个逆向反思和评判功能。规划系统主要是站在专业的角度，制定方案，并在一些专业问题的决策中说服其他决策者。决策系统主要是解决规划落地的问题。整个指挥系统整合了咨询、说服、决策三部分，从而保障了规划设计和落地一条线进行，不至于因多头指挥而导致规划执行出现偏差。

由此可见，整合是指挥部的核心理念，尤其是整合人力。映秀重建中，各方人力成功地融合在一起，再按照事务分成各个部门。从而防止各方推诿责任，避免了不必要的协调工作和交易成本，构建了一股向心统一的指挥力量。在指挥部的统一协调和调度下，州、县相关职能部门，东莞援建工作组，映秀镇政府等组织互相支持和配合，统筹推进映秀的重建工作。

2．运转机制

1）部门间的协调配合

各部和各单位相互之间以书面形式对接。各部门涉及要向指挥部提交的议程，或者是部门与部门之间无法协调解决的问题，就以书面形式报综合部协调解决。需由指挥部研究的由综合部上报指挥部会议解决。同时实行联席会议制度。要提交指挥部研究的技术、工程问题，先由项目管理公司、工程部、技术部研究，再确定是否提交指挥部。

2）责任追溯机制

部门内实行部门首长负责制。

在合理分配权力和责任的基础上，设计了问责处罚机制。归纳起来，有目标倒逼时间和责任倒逼制度两种责任制。目标倒逼时间是指每个星期有什么任务，必须有时间安排。当时工程部制定了所有项目的倒计时控制表。如果时间到了，还没有完成任务，就对当事人或领导进行相应处理、通报批评、行政记过等。第二个责任倒逼机制是将建设项目进行梳理，项目责任落实到人。指挥部由多人构成，但是一件事一个主体。不会由两个主体同时做一件事。落实了责任以后就运行倒逼机制。如果倒逼要求没有完成，惩罚也要落实到个人。严格的制度是为了保障指挥部门的高效率，以应对灾后重建，规划实施千头万绪的繁杂事务

3）监督回馈机制

指挥部内的综合部负责指挥部日常运作，比如会务、后勤保障等工作。尤为重要的是负责督察督办的工作。指挥部的例会制度规定原则上一个月至少召开两次例会。但事实上由于事务繁多，有时候每天都开会，甚至一天开两次会。指挥部内实行工作办结制。设计灾后重

建所有资料，回复意见等都以书面形式统一报综合部，并由综合部在每次例会上对前一次会议落实情况进行通报。在规定时间内未能按要求办结的责任人将受到处理。部门与部门之间有一个联席会议制度，通过召开大量会议，现场协商解决每天遇到的问题。

指挥部每次都有对上一次指挥部会议研讨问题进行督查整改的机制，每天会议的第一项内容就是对上一次会议决议的督查和整改。综合部专门负责此项工作。当时的各种问题都反映到综合部，各个施工企业和设计单位有问题都通过综合部来统筹。综合部当时每天都有情况通报和督查整改。这样就建立了一个信息反馈和督查整改系统。

4）公众参与机制

居民表达意见的渠道主要是两个。一个是村民代表大会：大会上各村村组代表和指挥部相关人员，尤其是规划专业人员讨论住宅方案的制定和分房等与居民利益息息相关的问题。另一个是居民重建委员会：每个村选取代表组建自己的委员会，负责住房的招标和建设。除此之外，居民们的意见可以向镇政府部门和指挥部的群众部反映，通常情况下这些意见和问题都会得到迅速的回馈和解决。

3.1.3 规划文本作为全过程依据

全过程规划主要是指规划编制和规划实施的一体化衔接。也就是说从编制方案到规划实施，规划人员要起到全程控制的作用。其中尤为重要的是对规划实施的控制，这也是以往规划中的薄弱环节。规划的落实离不开预先设定好的控制性文件，也就是控制性详细规划，使得建设时能够做到有章可依。

控制性详细规划是《城市规划编制办法》中确定的规划层次之一，是以总体规划或分区规划为依据，以土地使用控制为重点，详细规定建设用地性质、使用强度和空间环境，强化规划设计、管理与开发的衔接，作为城市规划管理的依据并指导修建性详细规划的编制。它是连接总体规划与修建性详细规划的承上启下的关键性编制层次，也是规划与实施衔接的重要环节。小城镇控规是引导和控制小城镇建设和发展最直接的法定依据，是具体落实城镇总体规划各项战略部署和规划内容的关键环节，是把握城镇整体空间形态和景观环境的重要步骤。

1. 映秀控规

映秀控规分为两个大部分,系统图和分图则。系统图对映秀的规划结构、土地利用、道路交通等方面根据总规做了进一步的细化。并将将用地分成 6 个片区,66 个基本地块。针对这些地块,同济规划院编制了分图则。分图则中除了常规的量化指标控制(包括对环境容量、土地使用、建筑建造、交通活动等)以外,还有详细的城市设计要点。

城市设计导则是映秀控规中的重点。城市设计成为控制性详细规划的一部分,一方面可以通过缜密的设计建议与规定,为建筑创作提供实质性的作业支持;另一方面通过合理的内容表达,保证城市空间风貌的完整性,应对城市设计片断性实施的特征,弱化时间进程中各种环境因素的干扰。

为控制统一风貌,城市设计导引将中心镇区划分为四个风貌片区,并制定相应的风貌管制策略,确保形成各具特色的风貌片区:公共建筑风貌片区,滨水居住风貌片区,滨水商住风貌片区和山地居住风貌片区。每个片区都相对应定性地规定了其片区风貌、场地特征、建筑物布局、风格、色彩、材料等。

同时微观上针对每一个小地块都做了详细的城市设计控制引导要点。力求建筑设计在一个统一的规则和平台上进行,从而保证映秀镇的整体空间质量。(附图 11)

2. 地块示意

三个典型地块。地震遗址公园、映秀小学和一个居住地块。(附图 12)

1)对于开放空间的控制

城市设计重点控制的开放空间体系包括镇区和社区两个层面:镇区层面的开放空间体系以河口纪念广场为核心,包括国道开放空间、亲水休闲商业空间、商业步行街道空间和滨水绿化空间等线形开放空间,在主要线形空间的交会处形成一般景观节点开放空间和亲水开放空间,连同镇区入口处设置的门户节点开放空间构成镇区层面的点状空间要素;社区层面的开放空间,体系由邻里中心及串接各邻里中心的社区主要街道空间构成。城市设计针对各开放空间及界面的建筑高度、体量、布局、形式和用途进行有效管制。

2)对于三个地块的设计要点控制

表 3-1 映秀镇地震遗址公园地块设计要点（附图 13）

设计项目名称		映秀地震遗址公园	地块编号	0401
设计单位名称		上海同济城市规划设计研究院		
一、建设用地情况	具体位置	渔子溪北岸，渔子溪路以西		
	建设用地面积	62 734 平方米		
	用地性质　用地性质	公共绿地		
	兼容性质			
二、用地强度使用要求	建筑密度（%）	/	容积率	/
	建筑面积　　地上	/	地下	/
	居住人口（人）		居住户数（户）	
三、建筑设计要求	建筑高度（米）	≤ 5		
	建筑层数（层）　　≤ 1	其中	地上（层）	1
			地下（层）	/
	建筑退道路红线距离（米）	3		
	建筑退用地界线距离（米）	3		
四、绿化要求	绿地率	/	人均集中绿地面积	/
	其他			
五、公建配套设施建设要求	配套项目名称	配建项目用地面积（平方米）	配建项目数量（个）	配建项目建筑面积（平方米）
	公厕	1 ~ 2	1	40 ~ 80/个
	垃圾收集点	/	/	/
	其他配建项目及要求	/	/	/
	车行出入口（个）	1 ~ 2	车行出入口位置	渔子溪路
	人行出入口（个）	/	人行出入口位置	渔子溪路
	机动车停车位（个）	/	自行车停车位（个）	/
六、道路交通及泊位要求	车行出入口（个）	1 ~ 2	车行出入口位置	渔子溪路
	人行出入口（个）	/	人行出入口位置	渔子溪路
	机动车停车位（个）	/	自行车停车位（个）	/

续表

七、城市设计控制与引导		控制目标	/	
		场地特征	/	
		控制要素	/	
	建筑	布局	/	
		建筑体量	/	
		风格与色彩	/	
		建筑装饰材料	/	
		街道界面	/	
	开放空间	广场空间	/	
		绿化空间	/	
		滨水空间	/	
		其他	/	
八、防灾要求（地质灾害）		/		
九、遗址保护要求		/		
十、备注		1. 利用地震断裂带避让控制用地，保留中滩堡地震遗址，建设地震遗址公园和抗震建筑实验区，作为地震纪念和旅游系统的重要组成部分； 2. 公园内允许建设少量建筑，除确实需要满足抗震实验要求的建筑外，一般建筑及构筑物不超过一层，建议建筑及构筑物采用轻型建筑材料及抗震效果较好的结构形式； 3. 停车位按 3 车位 / 公顷建筑面积计算； 4. 建议将场地内具有地震特殊意义的设施（如原映秀小学球场、旗竿等）予以保留并加以景观改造，塑造成公园重要景点之一； 5. 高压线为 220kV，两侧各退 18 米，该范围内禁止建设		
十一、其他		1. 设计单位依据本设计要点及附件（图则）修建性规划设计或单体设计； 2. 地下车库、设备用房、民防设施、公众通道不计入容积率		

表 3-2 映秀小学地块设计要点（附图 14）

设计项目名称	映秀小学		地块编号			0216	
设计单位名称	上海同济城市规划设计研究院						
一、建设用地情况	具体位置		镇中心区横路以南				
	建设用地面积		12 393 平方米				
二、用地强度使用要求	用地性质	用地性质	小学用地				
		兼容性质					
	建筑密度（%）		≤ 25%		容积率		≤ 0.6
	建筑面积	地上	6 853 平方米		地下		/
	居住人口（人）				居住户数（户）		
三、建筑设计要求	建筑高度（米）		≤ 24				
	建筑层数（层）		≤ 6	其中	地上（层）		6
					地下（层）		/
	建筑退道路红线距离（米）		/				
	建筑退用地界线距离（米）		北侧 6 米，其他 3 米				
四、绿化要求	绿地率		≥ 35%		人均集中绿地面积		/
	其他		/				
五、公建配套设施建设要求	配套项目名称		配建项目用地面积（平方米）		配建项目数量（个）		配建项目建筑面积（平方米）
	公厕		/		/		/
	垃圾收集点		/		/		/
	其他配建项目及要求		/				
六、道路交通及泊位要求	车行出入口（个）		1 ~ 2		车行出入口位置		西横路、映秀路
	人行出入口（个）		2		人行出入口位置		西横路、岷江西二路、地块南面与居住地块相邻一侧
	机动车停车位（个）		6		自行车停车位（个）		/

七、城市设计控制与引导		控制目标	/
		场地特征	/
		控制要素	/
	建筑	布局	/
		建筑体量	/
		风格与色彩	/
		建筑装饰材料	/
	开放空间	街道界面	/
		广场空间	/
		绿化空间	/
		滨水空间	/
	其他		/
八、防灾要求（地质灾害）			学校运动场作为临时避难场地
九、遗址保护要求			/
十、备注			1. 根据县教育局提出需满足不少于 400 个学位、一半学生需要安排住宿的要求，规划设小学为 12 班规模； 2. 参照《城市普通中小学校建设标准（建标 109—2002）》，建筑面积取 8.4 平方米 / 人，学生宿舍面积取 3 平方米 / 人； 3. 设不小于 200 米环形跑道和直线 60 米跑道； 4. 学校设两个机动车出入口，主入口宜设在岷江西二路；北面为次入口； 5. 停车位按 0.5 车位 / 班计算； 6. 在学校校舍及场地设施满足规范要求指标的条件下，可适当考虑安排教师宿舍； 8. 其他要求参照中小学校建筑设计规范
十一、其他			1. 设计单位依据本设计要点及附件（图则）修建性规划设计或单体设计； 2. 地下车库、设备用房、民防设施、公众通道不计入容积率

表 3-3　0202 地块设计要点（附图 15）

设计项目名称		地块编号	0202
设计单位名称		上海同济城市规划设计研究院	
一、建设用地情况	具体位置	渔子溪路与 213 国道交汇处东北角（详见附图）	
	建设用地面积	9 998 平方米	
	用地性质　用地性质	居住用地	
	用地性质　兼容性质	/	
二、用地强度使用要求	建筑密度（%）	≤ 40%	容积率　≤ 1.5
	建筑面积　地上	14 997 平方米	地下　/
	居住人口（人）	163	居住户数（户）　69
三、建筑设计要求	建筑高度（米）	≤ 15	
三、建筑设计要求	建筑层数（层）　4	其中　地上（层）　4	
		其中　地下（层）　/	
	建筑退道路红线距离（米）	/	
	建筑退用地界线距离（米）	临道路退 2 米	
四、绿化要求	绿地率	≥ 30%	人均集中绿地面积　≥ 0.5 平方米
	其他	/	
五、公建配套设施建设要求	配套项目名称	配建项目用地面积（平方米）	配建项目数量（个）	配建项目建筑面积（平方米）
	公厕	1	1	/
	垃圾收集点	1	/	1
	其他配建项目及要求	/		
六、道路交通及泊位要求	车行出入口（个）	2	车行出入口位置　南、北
	人行出入口（个）	3 ~ 4	人行出入口位置　东、南、北
	机动车停车位（个）	78	自行车停车位（个）　69
七、城市设计控制与引导	控制目标	在片区风貌上宜以川西风格为主体，营造富有民俗和地特色的商业氛围	
	场地特征	以平地为主，应创造性利用河堤高差满足空间和功能需要，形成多层次、空间富于变化的滨水公共活动空间，步行道及广场建议采用当地石材作为铺装材料，并保证较强的透水性	

　大爱小镇——映秀灾后重建规划的五年实践与评估

		布局	建筑物布局以围合院落式为主,利于营造良好的社区邻里关系及居住氛围,同时强化与广场、水体等开放空间的友好关系
	建筑	风格与色彩	以川西风格为主,造型轻盈精巧,并在统一的基础上寻求变化;建筑色彩朴素淡雅,以冷色调为主并能体现地区特色,建议采用青瓦粉墙
		建筑材料	建筑材料方面应充分强调抗震、节能等新材料、新技术的应用,宜就地取材,体现与环境的相融性
		街道界面	地块南侧的商业步行街道空间应鼓励界面建筑底层作为文化、休闲和娱乐等公共用途;界面平均建筑高度与街道宽度的比例约为1,即H/D=1;各地块底层商业界面的连续度大于70%;界面居住建筑宜采用联排布局形式,但每组建筑界面长度不应大于20米;地块内部的社区主要街道空间规划允许其底层作为文化、休闲等公共用途;界面平均建筑高度与街道宽度的比例约为1,即H/D=1;界面居住建筑宜采用联排布局形式,但每组建筑界面长度不应大于20米
	开放空间	滨水空间	临渔子溪的亲水休闲商业空间应鼓励界面建筑底层作为文化、休闲和娱乐等公共用途,地块底层商业界面的连续度大于70%;界面居住建筑宜采用联排布局形式,但每组建筑界面长度不应大于20米;界面建筑布局应当在形态上和布局上错落有致,与水体的自然形态相协调并应注重平面与竖向的整体设计
		广场空间	在门户节点,亲水开放空间节点及一般景观节点提供能够吸引人们驻留的休憩设施(如座椅和饮料摊点);应强化步行路径对这些广场和绿地的渗透和引导;广场或绿地周边建筑的连续度和贴线度至少达到85%
		邻里中心	提供能够吸引人们驻留的休憩设施(如座椅和饮料摊点);邻里中心周边建筑的连续度和贴线度至少达到85%
	视线通廊		对门户节点对渔子溪的视线通廊作设计控制
	其他		1

控制其广场及邻里中心界面建筑高度不应超过开放空间尺度的1/2,作为应急避难逃生场所使用

1. 设计单位依据本设计要点及附件(图则)修建性规划设计或单体设计;
2. 地下车库、设备用房、民防设施、公众通道不计入容积率

3.1.4 必不可少的技术落实

当前对于很多小城镇而言，面对建设速度、技术储备和监管能力之间的矛盾，单纯通过文本控制已经很难保障规划的实施，因而更需要规划人员在过程中对实际情况进行处理，对博弈进行协调。而以上的现象表明一种完备的技术落实机制对于小城镇而言必不可少。

1. 城镇规划中的博弈分析

规划实施中不同的利益主体各自有不同的诉求，其博弈会对实施结果造成重大影响。但无论是什么样的利益博弈，最终都难以脱离一定的土地和空间范畴，因此土地利用和空间发展就成为利益协调的手段和结果。也正是从这个角度，城市规划师能够以专业身份介入到利益协调体系中去。要实现这一点，需要一个完备的技术落实机制。

城镇规划的目标是实现公共利益最大化。在映秀规划实施的过程中，国家、市场、民众和规划师这四个利益主体各自按照自己的诉求进行博弈。在实际操作过程中，各个利益主体又分为不同的小利益群体，比如政府的不同部门，因此映秀博弈的情况错综复杂。规划师既是利益群体中的一员，有自己的诉求，同时也

担任着平衡和协调的角色，需要在多元社会利益主体之间进行利益协调，维护多元利益平衡并保障公共利益。利益平衡不是要消除人们之间的利益差异、冲突和矛盾，也不是回避矛盾和无视社会冲突，而是要尊重和承认多元格局，保障各种利益群体拥有充分的利益表达权，然后在这个基础之上寻找平衡点。这个平衡点将偏向于更能体现公共利益的一方，并由规划技术予以支撑和表达。

在利益平衡过程之中，存在着一个分等级的协调机制。大部分的矛盾冲突由规划师从专业角度，以土地和空间为技术手段来解决。但是当四方都无法达成一致时，就由指挥部来解决。最终的目标都是找到一个合适的平衡点，使得公共利益最大化。这样的协调是在一个统一的、大的价值观引领之下完成的。尽管大家诉求不一，但是有一个共识，就是在举世震惊的灾难面前，在个人和群体利益之外，要保障高质量的映秀重建。这样的价值观为各方做出一定程度的妥协、取得平衡点创造了条件。

2. 技术落实机制分析

映秀的重建机制中，最重要的一点是规划师参与到全过程中，成为不同利益主体之间的协调者。规划系统在指挥部中是很重要

的一环。规划师被赋予了一定的行政身份。比如笔者在指挥部中，既担任总规划师一职，也担任技术部副部长一职，身后则是同济规划都江堰分院，甚至整个同济规划和建筑院团队的支撑。总规划师是笔者的技术身份，这使得我们的团队可以以第三方的身份编制映秀镇规划，对规划实施及城镇建设给出专业意见，在某些专业问题上说服其他决策者。而技术部副部长这个行政身份则让笔者可以在某些和规划实施密切相关的问题上，直接介入到建设过程之中。比如，可以以甲方的身份和施工队伍接洽，从而控制到规划实施和城镇建设最根本的一环，保证规划可以按照自身的专业意见得到有效的实施，而不会因为各种原因被擅自修改。

时任阿坝州委书记的侍俊提出一个概念，即"人守规划和规划守人"。人守规划的意思是守住规划的理性，守住规划的科学性。通过规划专业人员，及相关咨询专家的专业评判来尽量保证规划的科学性。映秀重建后期遭遇了二次受灾的曲折过程，但是映秀规划经受住了这些灾难的考验，布局和房屋结构都没有出问题。这说明映秀规划的科学性得到了充分保障。规划守人的意思就是指在各方意见不一的时候，尤其是在指挥系统和规划系统发生冲突的时候，要依靠理性的规划来平衡。尤其是，政府领导在城镇建设上容易受到主观意见和个人经验性格的影响，具有一定的随意性。规划专业人员某些时候也容易在一些问题上摇摆不定。这个时候就需要规划来约束。在规划和个人意愿发生冲突的时候，尊重规划成果和集体智慧，用严格的程序和理性的成果来指导城镇建设。在这个原则下，有了规划的全程指导，才有可能将专业规划全过程落实。

3．规划师的具体责任

映秀全过程规划机制明确了规划师的责任：作为规划方对设计的全面统筹，作为决策方对城镇建设管理的参与，以及作为实施方对施工团队的管理。

映秀重建过程中，全过程规划的机制使得规划编制到规划实施过程中方案能够进行合理的动态调整，保证了规划理念的原真性实施，也保障了城镇建设的科学性。同济规划院所探索的这套机制包括规划师对以下三个层面的全程控制：设计方案、城镇管理和建设施工。

首先，规划师全面统筹规划设计方案。城镇规划设计编制方案的过程垂直来看，有以下几个步骤：总体规划—控制性详细规划—城市设计—修建性详细规划—建筑方案—施工图，这些图纸之间是层层递进的关系，每一步都应该受到上一个步骤的影响。但是，通常的城镇规划因为前述的技术分工和经验储备的问题很难按照规范的程序来落实规划实践的管理工作，让这些设计有机地联系在一起。映秀重建中，由于落实机制的保障，同济规划院做到了让规划系统统筹施工图之前的所有设计图纸。因而能够避免设计图纸之间互相冲突，并能协调因打破传统前后周期而产生的各项专项设计之间的矛盾，使得方案表达一致的规划理念。另一方面也是由于设计周期普遍短，无法按照常规机制进行层层审查，甚至可能出现后续设计前置审查的可能，因此更需要规划师拥有全局的视角做出判断与确认。

其次，规划师全面参与城镇建设管理。城镇建设开发是在规划完成后，依照规划进行的土地、物业和基础设施等的开发活动。映秀重建中，规划师参与到了对项目立项和项目实施的重大决策中去。尤其是作为总规划师，可以依照规划理念对开发项目定位，制定统一规则

和平台，对项目实施给出专业判断并及时调整。这样的规划师全程参与的机制保证了城镇规划和城镇建设之间的连续性。

另外，还要强调的一点是对施工的管理。这一点是由笔者的行政身份所保障的。施工环节是城市规划从图纸落到三维空间中的最后一环，也是非常重要的一环。规划师全过程控制到施工层面，有助于避免在最后环节规划意图被任意篡改，保障理念全面贯彻，设计方案完整实施。

综上所述，同济规划院在映秀重建过程中对"全过程规划"进行了全方位的实践。全过程规划指的是从规划编制到规划实施的顺利衔接。而在映秀的案例中，规划编制不仅指各个层级的规划方案，也包括对建筑方案的控制；规划实施不仅指依照规划的项目开发，甚至包括对施工的管理和控制。在这个模式中，规划师对于规划理念的清晰了解保障了城市建设在各个层面上完整地贯彻规划意图。该模式是映秀重建中的重要经验，相信也为以后的城镇建设提供了有价值的参考。

　　　　　　　　　　　大爱小镇——映秀灾后重建规划的五年实践与评估

3.2 安置房与公众参与

3.2.1　重中之重的安置房

映秀利益博弈情况错综复杂。需要规划师来寻找平衡点，也就是寻找更能体现公众利益的一方。

对于映秀的灾后重建来说，安置房的规划建设是重中之重。安置房不仅仅是居民的栖身之所，更是人们重建生活、疗愈伤痛的根基，是人们重建家园的根本保障。首要是安居，然后才能乐业，才能在这里重建家园。

从专业角度看，安置房建设对于小城镇来说也至关重要。小城镇的居住用地占总用地的一大部分，对于小城镇空间有相当重要的影响。尤其是在城市化率快速增长的情况下，各城镇都在实行迁村并点，大量村民涌入城镇，造成了对安置房的大量需求，并深刻地影响了小城镇的空间格局和风貌。然而也正是在小城镇住房规划建设方面，缺乏足够的能指导实践的经验和技术。映秀的安置房规划为小城镇住房规划提供了可借鉴的经验，并积累了相应的技术。

1．多方利益诉求

各方主体的利益矛盾在安置房实际建设中有集中体现。对于居民来说，除了能够尽快住进新家之外，还有其他相关的情感和心理需求。

比如对保留原有居住模式的需求，对原址居住的眷恋和对参与决策的渴望。政府希望尽早建成住宅让居民迁入，避免社会矛盾，保证城镇稳定发展。援建方希望在最短的时间内完成更多的重建工程，使援建资金产生最大化的利用效率，博得良好的社会效益。

2．规划方面的专业考虑

从规划角度来看，同济规划院也有自己的专业诉求。我们希望安置房不仅是一个安身之所，还能够延续映秀原有的社会结构，承载居民熟悉的生活方式，并且提供对居民长远未来的保障。同时，安置房也能够体现一定的美学追求，塑造出映秀美丽的城镇风貌。基于这些原则，规划没有打散映秀原有的村庄结构。每一个村为一个整体安置在镇区同一片区域。另外，由于面积指标全省统一规定，而具体面积标准并不宽裕。因此希望居民集中住进公寓房，从而省出大量的面积集中开发商业，以提供对未来的保障。

由于四方意见不一致，规划必须要寻找平衡点。在安置房的问题上，平衡点偏向于民众利益主体。策略就是公众参与，并依据民众意见对规划进行了相应修改。

公众参与并不是个新鲜的概念。现代城市规划起源于 19 世纪末资本主义社会工业城市

图 3-4 映秀镇后重建民居设计大赛海报

的环境恶化和社会问题，20 世纪 60 年代中期，在西方城市规划领域兴起了倡导性规划（Advocacy Planning）运动。经过一些城市的初步实践，许多国家开始设立了相关制度，使公众参与正式走上城市规划的舞台。城市规划过程的公众参与现已成为许多国家城市规划立法和制度的重要内容和步骤。公众参与理念尽管被引入我国已有一段时间，但是并没有很好地纳入实践。此次灾后重建规划提供了一个契机，都江堰就是一个很好的实例。映秀重建也在这方面做出了积极而有价值的探索，建立了一套自己的制度，将公众参与有机地纳入建设机制中。

3.2.2　导向平衡点的公众参与

可以看出，这四方面的诉求有的彼此符合，有的略有不同，有的则互相冲突。比如同济规划院对于保留社会结构的构想和居民眷恋传统生活方式的心理相符合。政府和援建方对于速度和效率的要求与居民参与决策的需求互相冲突。居民自身情感取向和规划师的职业判断也有一定的不符。事实上，哪怕是单一团体的诉求也有可能是自身互相矛盾的。比如政府和援建方既希望保证效率，也希望保证公平和质量，使得最终的建设成果能够让居民们满意。居民们既想尽快住进新房，又希望规划者多采纳自己的意见，住宅能够尽量多地体现自己的需求。实际操作中需要在这些不同的矛盾中取得平衡，规划的专业技能在其中起到了重要作用。

在寻找平衡点的时候，它通常都偏向于能够使公众利益最大化的一方。安置房的使用主体是村民，它与居民利益息息相关。这里的平衡点应该偏向于民众利益主体，其关键策略就是公众参与，广泛征求民众意见。这一点也和居民对于决策权的需求相一致。

在映秀规划中，由于有良好的机制，公众意见在各个阶段都被吸纳进规划方案的制定和实施中去。同济规划院根据村民们的意见修改了住宅方案，调整了用地分布。甚至当规划建设已经基本完成，还会继续根据一些住户的要求提供相应方案，协助他们改造房屋。映秀的住房规划建设至今仍在动态进行中。

映秀安置房规划中采取了全面的公众参与策略。规划师对于民众诉求给予了充分的尊重和接纳。公众参与的工作过程大概分为四个阶段：村民代表大会的组织、住宅形式的选择、确定户型和分配以及统规自建。其中有许多典型案例，充分体现了博弈过程中规划对于公众诉求的包容和吸纳。

渔子溪村的公众参与在映秀的各村中具有一定代表性。为了回顾映秀重建过程中公众参与的细节，我们专门采访了全程参与规划重建的渔子溪村陈书记，以及渔子溪村老村长，时

图 3-5　根据居民要求多种形式安置的住宅群落

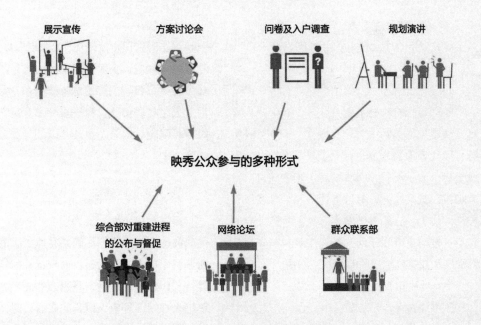

图 3-6 映秀公众参与的多种形式

任渔子溪村重建委员会委员的王老伯。以下将经过精简的原汁原味的采访实录来呈现公众参与的方式。

1. 公众参与制度与工作过程

1）村民代表大会的组织

映秀每个村都有上百户住户，若每户人家都发表意见，实际中将无法操作。于是通过实行村民代表大会制度，由七个村（老街村、中滩堡村、渔子溪村、枫香树村、张家坪村、黄家院村、黄家村），每村推选三四名代表组织起来，代表各自的村民发表意见。村民大会的作用一是确定分房子的户数；二是按照省州县的标准和政策确定房子的风貌、结构。

>> 村民代表访谈纪要

陈书记：

"拿渔子溪村来说，实际上代表不止三四名。按照我们农村村民选举法的规则，就是十四五户选一个代表，我们渔子溪一共是23名代表。之所以召开村民代表大会，一个是政府提出了要求，再就是那么复杂的规划需要和老百姓沟通。当时开会的基本意见都是统一的，只有个别人有杂音，我们就做解释。琐碎意见

反映的影响不大，因为建设任务很紧迫，设计该怎么办就怎么办。村民大会开了起码上百次，有时一天开两三次，解决各种问题。"

王老伯：

"当时情况也比较乱，参加者有规划的人、重建的人和我们灾民，村上就要求组织村民委员会开会。我们主要就是听政府和专家讲，然后下去给村民传达。村民有什么意见，开会的时候可以提。但是主要还是以领导决定，服从政策为主。"

2）住宅形式的选择

经过村民大会，最终选取了一家一楼、上住底商的住宅形式。尽管站在规划者的角度判断，由于单人分配的建设面积指标固定，如果能够只建造多层住宅，将剩余的面积集中起来建造大开间，形成大面积的底商，这样会更利于未来的经济发展。但是由于村民们一致表达了想住进独门独院住宅的意见，我们更改了原先的设想，并设计了底商的住宅方案。

>> 村民代表访谈纪要

陈书记：

"关于你说的从集体公寓楼最后改成了一家一户的平房，情况是这个样子的：第一，如

典型羌族民居

典型四川民居

典型藏族民居

图 3-7　映秀地区原始住宅形式

果建成五六层楼的公寓，农村每一家都有老人，上下不方便。我们也住惯了平房，这样哪家住下面哪家住上面也不好确定；第二，我们处于震中附近，建高层不安全。映秀以前七八层的楼都倒了，我们村紧挨断裂带，不安全，老百姓也不同意；第三，虽然建公寓节约了用地，但是楼层高，中间间隔距离大，占地还是大。所以我们建议采用一楼一地的方式。最后政府还是采用了我们的意见。"

王老伯：

"当时大家受灾，都想尽快搬进新房子，意见很快就统一了，没有什么争论。你看我们屋的前后都有空地、花园，我们农村的就喜欢这种。"

3）确定户型和分配

在确定住宅形式后，同济规划院做了初步方案，根据实际的村落情况，用地情况做了调整，并将修改后的方案进行了公示。为了方便没有专业知识的村民能够较好地理解方案，还进行了电脑模拟。公示完毕后，分配房屋时按照重建政策，进行了村民抽签选房的工作，并将抽签结果公示。如渔子溪村，政策要求一到三人的家庭拥有90平方米建筑面积，四人家庭拥有120平方米建筑面积，五人及以上的家庭拥有150平方米建筑面积。

>> 村民代表访谈纪要

陈书记：

"关于户型和风貌，我们不会讨论这些，我们不懂，就是按照羌藏特色去修，设计出来就是这个样子。我们就按照省州县和专家的要求，专家先给23位代表讲，然后他们又下去给村民讲。比如抗震震级、标准等，之后大家

就知道再来八级地震房屋都不会倒了。这样就便于统一意见。

第一，户型分配我们村是这样确定的。农村都是一家一个院子。我们现在也是这样，七八户一个大院子。按照重建政策分配，不同人数的家庭分配不同大小的房子，但是现在年轻人结了婚，一个变三个，人多了就不好整了。

第二，房子建好以后，一到三人的户型一起抽签，四个人的一起抽签，五个以上的一起抽签，确定房子位置。抽到什么地方就是什么地方。那些不满意的也没有办法，都是你自己抽的签。"

王老伯：

"大家当时就是抽签决定嘛，抽到什么地方就住哪儿。当时基本没有大的矛盾，很顺利。大家受灾了，都不想闹矛盾。国家援助我们，我们本来也很感激，怎么好意思提意见。"

4）统规自建的建造方式

建造过程中为了充分发挥村民的主体作用，创造性地采取了统规自建的模式，每个村的全体群众共同推举他们信得过的村干部、党员及群众，组成了"重建委员会"。委员会从一开始就参与规划和设计，他们代替政府行使权力，在网上招投标，选择自己的施工队伍建设住宅。同时为了保证建成后映秀镇的统一风貌，由映秀镇人民政府监督指导，并由规划设计单位提供住宅方案，并指导建设。

>> 村民代表访谈纪要

陈书记：

"我给你解释，统规自建是这个样子的：按道理农房是统一设计，自己修建。但是有些家庭找得到施工队，有的找不到。有的家庭一

图 3-8 重建后的住宅形式（摄于 2013 年 4 月）

两个月就修起来了,有的一直修不起来。而结构和质量都无法保障。所以为了统一完工,保证质量,村里根据领导要求,成立了业主委员会。由委员会找建筑商,所有建房问题都是这23个名代表在管。指挥部请监理,农房重建叫自主联建。

建设期间的矛盾多啊,修的过程中发现了很多问题,比如施工队不按要求施工,质量不合格,业主委员会就负责监督。施工队太多,几百人,上千人。建设时间也短,三年任务两年建成,春节就要搬回去,质量难以充分保证。当时现场整改了无数次,还是整改不完。有的房子到现在还在漏水。投标招标这些事情我们不懂,是业主委员会请的'西南项目管理公司'在做。

项目的公示可以举一个例:渔子溪是轻钢结构的,我们不懂,天津大学教授就作成幻灯片给我们讲。我们组织老百姓看。村民不懂方案,只有业主委员会提了一些要求。比如要按院落来建设,建一楼一地的住宅。其他专业上的要求也提不出来。"

2.公众参与的典型案例

公众参与在安置房规划实施过程中的最基础层级起到了重要的作用,改变了最终的规划,影响了实施结果。这种因为居民的直接参与而最终导致实施与规划间变更的案例很少见,但作为规划师的我们乐于见到这种现象,因为它反映了居民的切实意愿,提供给了我们更多规划时所需的信息,这也直接体现了全过程规划的技术优势和必要性。

1) 渔子溪选址

规划原本为渔子溪村民安排的住宅全部位于山顶,但是通过公示后,有10户左右原本居住在山坡与山脚的村民反映不愿意迁移,希望住在原址。于是我们尊重了他们的意愿修改了方案,特地为此调整了道路、基础设施走向等。

公众参与规划带来的影响还体现在很多微观的方面,其中有我们可以修改以满足居民需求的,也有基于客观原因而无法完成的。

2) 房屋改造

由于开间太小,不利于进行某些商业的运营。一些住户自行商量,希望将各自的底层商业面积集中在一起,开办酒吧或旅馆。同济规划院根据他们的意见,制定方案,帮助他们完成房屋的改造。

3) 绿化变更
陈书记:

"本来按规划公共的空地是要搞绿化的。但是渔子溪离山坡下面的农贸市场远,买个小菜都要往下面跑。所以我们开会征求老百姓意见,把这些绿化用地改成了栽种小菜的地方,现在房前屋后都是种的小菜。

4) 拆除院墙
陈书记:

"我们农村每家都有农具,农房一般都有院墙。我们村的规划本来每家每户都有院墙,

图 3-9 天津大学设计院为渔子溪村设计的民居电脑模拟方案

但是后来院墙全部取消了。农具没有地方放，只有放在客厅里，厕所里。这是一个矛盾，不切合实际。我们反映到上面，院墙加上了，但是最后服从整体规划的要求，院墙还是取消了。现在每一户的面积确定，也就没有地方修储藏室了。"

3.2.3 安置房公众参与的经验与价值

映秀的案例证明了安置房是核心环节，公众参与的策略应该得到充分重视。

映秀的经验证明了安置房的建设对于建设一个有凝聚力的小城镇起到了核心的作用。在这个环节中，我们通过对各个层次公众利益诉求的充分重视和接纳，保障了公共利益的落实和规划目标的完整实现。

1. 映秀公众参与的模式和经验

可以看到，在此次映秀镇安置房规划中，公众参与到了整个规划建设过程当中。从住宅方式的选择到自主施工，每一个阶段都有居民参与的机会，并且居民的意愿和诉求都得到了充分的考虑和体现。在映秀重建中公众参与手段，包括了问卷、听证、咨询、表决、信访及多种传媒的沟通方式，公众参与范围涵盖了全部的镇居民，因此可以判断，在映秀的规划建设实践中，公众参与已超越了一般的咨询模式，甚至伙伴模式都得到了体现。尤其是在统筹自建的模式中，可以认为是公民决策并自负责任的阶段。

具体来说，映秀安置房规划建设中的公众参与模式有以下两点经验。首先，我们建立了广泛的参与机制。映秀设置了村民代表大会和居民重建委员会，保障了居民普遍参与到安置房设计建设全过程中。其次，我们设计了畅通的沟通途径。考虑到普通居民缺乏专业技能，诉求难以表达。通过各种丰富多样的形象化的方案来展示规划成果，比如电脑模拟，便于普通居民理解，并参与决策，从而保障了他们的意愿和诉求得以表达。

2. 映秀公众参与的意义

这样的开放式的规划对于映秀来说有重要的意义。事实上，作为传承多年生活方式的承载者，他们的诉求中隐含了外来专业人员所无法具备的"隐性知识"，比如传统的生活习惯、风土习俗和人际网络等。而这些是规划建设安置房，创造温情小镇和家园必须要考虑的因素。

再者，通过这种开放式的规划充分建立了居民对规划的认同感。这一点和现今许多地方执行规划时强行拆迁构成对比。由于拆迁的决策没有经过居民参与，哪怕拆迁是有利于公众利益的，有时也不能得到普遍认同。居民们会认为这件事情的获益者只有可能是政府或开发商，因此才会出现"钉子户"的现象。相反，将公众参与引入到规划中来，就可以为他们真正重建让他们有家园之感，有幸福之感的居所，也才能帮助他们重新凝聚、扎根于这片土地，建立与土地的血脉联系。

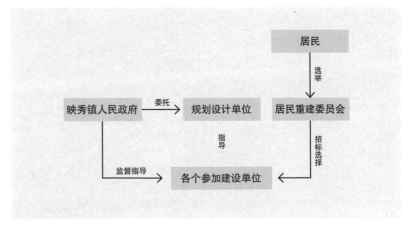

图 3-10 规划设计操作流程

图 3-11 多次调整后形成的渔子溪村规划总平面，天津大学设计院设计

图 3-12 屋前屋后的种植菜园（摄于 2014 年 2 月）

图 3-13　各户住宅之间没有院墙阻隔（摄于 2013 年 4 月）

3.3 产业选择与利益分享

3.3.1 产业对于映秀灾后重建的意义

地震摧毁了映秀的全部产业经济基础。"5·12"之前的映秀镇拥有大量耕地，一座水电厂以及漩口中学。居民主要靠务农，受水电厂雇佣，为职工家属提供配套服务以及利用交通便利开展农家乐等商贸服务行业为生。但地震过后，工业企业全部倒塌，直接经济损失达14.41亿元；60%以上的耕地被毁，农业系统损失2.53亿元；原有的旅游基础被破坏。同济规划院必须为他们选择合适的产业，重立让他们生存扎根在这里的根基，重新建设一个足以支撑映秀发展的产业结构。

对于小城镇产业规划的典型性，从无到有地竖立产业。

映秀的经验对于小城镇产业选择和规划来说也具有一定的典型性意义。产业对于小城镇来说十分重要。它是一个城镇发展的基础，是城镇建设的原动力，对小城镇的经济和社会起着支撑作用。但是通常小城镇的产业又比较单一，产业结构脆弱。尤其是对于很多新兴小城镇而言，要从无到有地竖立城镇产业十分困难。在这一点上，映秀产业规划所面临的问题和其他小城镇十分类似，并在实践中做出了积极的探索。

1. 多方利益诉求

相比起安置房，产业的调整牵涉进了更多的利益主体进行博弈。首先，推动城镇经济发展是作为国家利益主体的政府关注的焦点。但是不同级别的政府拥有不同的诉求。对于更高级，如县级和州级政府来说，追求的是整个镇域范围内的利益最大化，因此难以聚焦对映秀一镇的关注。镇一级政府的焦点则聚集在映秀，希望映秀能够有更多可持续的产业，拉动全镇经济发展，居民生活水平提高。援建方在这一点上也希望映秀能够建设一些扶持其经济长久发展的企业，以获得更好的社会效益。其次，在产业开发的过程中，市场主体如一些旅游开发公司也会加入到博弈的过程中来，希望自己能够取得利润最大化。普通居民在这个问题上缺少专业知识技能，只能希望政府能够安排好自己以后的生活，让全家衣食有着。

2. 规划师的专业考虑

规划师寻找平衡点的时候偏向于公众利益，但在某些具体问题上偏向于民众。另外，公众利益也是有层次的，县一级可能和镇一级不相一致，规划方案中都有相应体现。

图 3-14　当地居民经营的小商品市场（摄于 2013 年 4 月）

图 3-15　通往地震纪念馆途中的纪念品商贩（摄于 2014 年 2 月）

规划师站在专业角度，在产业方面的考虑主要有两个方面。一是基于整体利益，希望能平衡产业经济、社会和生态等方面，促使映秀镇全面发展。二是基于长远考虑，希望映秀镇的产业是可持续的，能够为其带来长远的繁荣，这一点的重要保障就是产业的多元化。

可以看出，这四方的诉求依然需要规划师来寻找平衡点。可以说在产业选择的问题上映秀政府的诉求代表了映秀的公众利益，在协调利益博弈的时候同济规划院更多地尊重政府的意愿。但是在某些具体问题上，比如制定旅游业发展战略时，规划者应站在公众利益的立场，基于全面发展的专业诉求，将更偏向于民众主体一方。值得一提的是，公众利益也有层次差异，县一级与镇一级的公共利益就存在不符的地方。例如在选择产业的问题上，县级政府的通盘考虑和规划师及镇一级政府的诉求不相一致，但在无法协调的时候，我们也将在方案中做出相应的预案，为映秀镇将来发展留有余地。

3.3.2 旅游产业的选择和规划

同济规划院的规划之所以选择旅游产业，一方面旅游产业是综合性强，关联度也较高的产业。能拉动住宿，餐饮，零售等一系列行业。另一方面映秀镇具有良好的区位优势和旅游资源，灾后的映秀镇也具有一定的旅游服务业基础。映秀镇位于成熟的景区内，区位优势明显。且地震后，拥有了特定的旅游资源。映秀镇本身也拥有较好的旅游资源，比如优美的自然环境、地形地貌和水文条件等。

映秀的客源地主要分为四种：国内核心市场、国内拓展市场、入境核心市场和入境拓展市场。映秀镇的旅游产品主要可划分为三类，观光旅游、修学旅游和度假旅游，并针对这三类产品进行了客源市场的单独定位。

为了丰富旅游产品种类，使得旅游产业可以多元化、差异化发展。同济规划院规划了两类旅游产品。一类是普通旅游产品。包括藏羌民俗风情游、"农家乐"之旅、民俗商贸之旅和风情度假之旅；另一类是创意精品旅游产品。它主要包括地震遗址纪念游，抗震科技示范游和重建大师名人游。

另外，同济规划院为映秀做了量化的游客数目预测。映秀镇的旅游预计在规划初期五年内处于暴发式增长期（2009—2013），之后便进入平稳发展期（2013—2015）和成熟稳定期（2016—2020），每个阶段对游客的吸引程度均不同。为了预测更加准确，针对各个阶段分别考虑，以随时调整相应策略。

图 3-16　游客可以在地震体验馆体验和学习（摄于 2013 年 4 月）

图 3-17　在地震纪念墙前冥思的游客（摄于 2013 年 4 月）

表 3-4 映秀镇游客数目预测表

年份	增长率（%）	预测游客量（万人次／年）
2009	0	44.10
2010	40	61.74
2011	40	86.44
2012	40	121.01
2013	40	169.41
2014	20	203.30
2015	20	243.96
2016	8	263.48
2017	5	276.65
2018	5	290.48
2019	2	296.29
2020	0	296.29

1. 映秀镇发展旅游业的背景

1）区位优势

映秀镇的区域交通优势明显。映秀镇地处成都平原西部边缘，是阿坝州重要的交通枢纽和门户重镇。是通往九寨沟、卧龙、黄龙、四姑娘山等景区的必经之路。213 国道、303 省道和都汶高速等区域性交通通廊交汇于此。映秀距离汶川城镇威州镇 55 公里，距离都江堰市 45 公里，距离成都市区 88 公里。都汶高速公路修通后，与成都市距离将进一步缩短为 13 公里。另外，从旅游业的角度来讲，在阿坝州构成的核心旅游圈中，映秀周边的重要旅游资源分布均衡，开发日益成熟。南有都江堰、青城山的自然和文化双遗产景区；西有四姑娘山、卧龙和三江景区；北有九寨沟、黄龙和七盘沟。

映秀是通往四姑娘山和黄龙的必经城镇，周边的景区的成熟和交通的便利是映秀旅游开发成功的保障。

2）丰富的旅游资源

地震虽然让镇区毁坏严重，也提供了特殊的具有震撼力的地震旅游资源。对世人来说，地震遗址本身不仅是展示教育和对逝者的悼念，更是对人与自然这个基本命题的反省与警示。近年来，这样的"黑色旅游"因其特殊的吸引力，受到众多旅游者追捧，现已成为广义休闲旅游中一个重要组成部分。除了地震旅游，映秀镇本身也拥有较好的旅游资源，比如良好的自然环境、地形地貌、水文条件，还有右街娘子岭茶马古道等古迹遗址，民族风情风俗等人文资源。

大爱小镇——映秀灾后重建规划的五年实践与评估

图 3-18 竹立面的映秀大酒店（摄于 2013 年 4 月）

图 3-19 富有羌藏风情的茶肆（摄于 2013 年 4 月）

表 3-5 旅游资源类型表

旅游资源类型			主要旅游资源	分布地区
大类	亚类	小类		
自然旅游资源	地质地貌景观	山景	娘子岭	老街与枫香树
		地震灾后地貌	"5·12"地震震中、地震巨石纪念点A和B、堰塞湖坝、山体滑坡等	莲花心、镇区
	生物景观	森林景观	黄梁沟	中滩堡头道桥组
	水文景观	湖泊	紫坪铺水库	黄家树、黄家院、张家坪
		瀑布	瀑布山庄	中滩堡头道桥组
人文旅游资源	土特产品	特色食品	豆腐干	枫香树村
	近代史迹	地震人工纪念	漩口中学遗址展览馆、地震遗址纪念园、百花大桥断桥遗址、汶川"5·12"特大地震遇难者公墓	镇区
	历史遗迹	古代遗迹	右街娘子岭	茶马古道黄家村\荣华山占战士象
		古代墓群	石鸭子翠屏山墓群	黄家院村石鸭子组
	宗教建筑	佛教寺庙	娘子岭道庙	老街村

3）旅游产品

同济规划院规划了两类旅游产品。一类是普通旅游产品：包括藏羌民俗风情游，农家乐之旅，民俗商贸之旅和风情度假之旅；另一类是创意精品旅游产品：此类产品依托的是映秀独特的精品旅游资源，既满足游人需求，又能补充区域旅游产品类型的不足，可直接对外促销，是映秀镇旅游发展的主要吸引物与精髓所在。它主要包括地震遗址纪念游，抗震科技示范游和重建大师名人游。尤其是后两项旅游产品，是保证映秀旅游不与周边城镇同质的重要保障。主要采用了"新技术、新材料、新设备、新工艺"的四新抗震技术，应用在了公共建筑、民居应用区、管线、道路及其他设施上，并留出通道或做了透明的"窗口"来展示给游客。希望在映秀可以形成技术解说、技术展示、抗震模拟展示、学术研讨会议的旅游活动项目。同时也设立了综合抗震建筑试验区，邀请了各位大师来这里留下自己的作品，例如安德鲁，

贝聿铭、何镜堂等。希望这样的创意性的旅游产品能够增加映秀的吸引力，保障映秀旅游业的长远发展。

3.3.3 博弈的焦点——利益分享机制

产业中的博弈焦点是利益分享机制。

产业经济中的利益分享机制是博弈的焦点。映秀镇在这方面的经验可供其他小城镇借鉴。其突出代表案例就是对于映秀是否评比5A级景区的决策。

政府希望映秀经济迅速发展，但作为一个小群体，也同时希望自己能从该发展中获得更多成绩。因此赞成映秀在评上4A级景区后，继续评比5A级景区。作为市场主体的旅游开发公司在这一点上亦希望从门票收益中获益。然而这会损害普通民众的利益。首先，5A级景区的门票制度将大大提升普通居民在景区内开办商业的成本。可以预见景区内商业将大部分

由外来人群承办。映秀居民的收入将会受到影响。其次，5A级景区的管理制度会对居民生活造成不利影响。这个问题主要有三个方面。第一，5A级景区的评选要求小镇是封闭的区域，有统一的出入口，一进一出，统一管理。这样不仅让居民出入不便，也从空间上和心理上破坏了小镇的风貌。第二点，评选指标里要求建造许多旅游服务设施。这些设施会占用大量的小镇公共空间，如开放空间、广场和绿地等，会间接影响小镇居民的生活质量。最后，5A级景区的一些管理要求也会给居民的生活带来不便。例如停车必须要停到停车场中，与小镇闲适的随意驻留相冲突等。

作为规划技术人员，要保障公众利益的最大化。因此在这个问题上应偏向于民众主体一方。我们希望居民可以在镇区内正常开办商业，获得充足的收入提高生活水平。另外，从整体利益出发，也希望产业经济不会影响小镇的社会生态，希望可以保证映秀镇的小镇风貌，和小镇居民的正常生活。它首先是一个小镇，其次才是旅游景区。将旅游作为产业支柱是为了让小镇居民过上稳定安宁的生活，但是为此让整个镇变成旅游区则是舍本逐末，违背了一开始的规划理念：让这里成为充满温情的小镇，成为人们安心快乐的家园。最终，各方还是一致决定以保证小镇风貌和小镇居民的生活为首要考虑，放弃为了评选5A级景区而对小镇做出较大调整。

博弈的另一点是对多元产业的选择。

不同利益主体诉求的差异也体现在了对其他产业的选择上。尽管各级政府都认为建立多元产业结构更有利于映秀的发展，但是县一级政府和镇一级政府在这个问题上有不同层次的考虑。对于映秀镇来说，多元化的产业更具有持续性。除了扩大旅游产品的种类之外，同济规划院也试图为映秀找到其他发展的可能。我们曾构想映秀能凭借良好的区位优势成为农副产品交易市场和公路客运枢纽站。尽管规划师和镇一级的政府都希望映秀能够拥有发展更多产业的机会，但是县级政府的通盘考虑导致他们更愿意客运枢纽站和农副产品交易市场放置在县城，使得这两个产业设想暂时无法实现。但是我们仍然在图纸上为这两个设想预留了空间，希望如果将来政策有变，映秀镇仍然有在物流产业方面发展的可能性。

图 3-20 贝氏建筑事务所设计的青少年活动中心（摄于 2014 年 2 月）

图 3-21 保罗·安德鲁设计的抗震减灾国际学术交流中心（摄于 2014 年 2 月）

图 3-22 何镜堂院士设计的汶川地震纪念馆（摄于 2014 年 2 月）

3.3.4 产业选择的经验之谈

1. 始终以公众利益最大化作为指导原则，寻找动态的平衡点。

在产业选择和规划的过程中，同济规划院始终以公众利益最大化作为指导原则。选择旅游产业是基于映秀镇已经拥有的良好的资源和基础，可以在较短时间内发展产业，提升映秀居民生活水平。反对为了评选5A级景区而改变小镇功能结构也是基于这个立场，希望能保证映秀镇全面发展，保障映秀居民的整体利益。

尤其映秀规划在后一点上的经验可供其他小城镇参考。通常各个旅游小城镇规划都以评定5A级景区为目标，但是在映秀的实践中，由于专业考虑和规划师的职业道德，我们认为保障映秀的整体利益是首要考虑。尤其是要坚持公众利益最大化的原则，巩固当地居民的利益，贯彻一开始的规划理念和意图，因此做了这样的选择。但同时也在旅游产品多样化，以及映秀的产业多样化上做出了努力。

2. 旅行社利益分配难及缺乏软性的商业运作的创意精品旅游问题：

在后期旅游规划实施上有一些值得思考的问题。比如目前这两项精品旅游产品并没有达到最初的预期效果，大部分来旅游的客人都是为了参观地震遗址，对抗震技术和大师作品一无所知。究其原因，一个是旅游与居民的利益分配。居民的收入来源于游客在映秀镇的滞留消费，如购物、饮食、居住等，但旅行社的利益并不来源于此。映秀镇并不设门票，它只是旅行公司设计的旅游路线中的一环，地震遗址被作为唯一的旅游景点，随后游客便被导游带走。这一点直接导致了映秀其他旅游区域的冷清。另一个原因是缺乏成熟的商业运作。无论是抗震技术还是大师作品，都带有一定的学术性，需要导游人员做更多的培训以及更简明易懂的宣传方式，否则便很容易被没有专业背景的游客忽略。而针对专业人群，也需要更广泛更成熟的商业宣传，才有可能吸引大批人士前来。尽管这两项旅游产品目前没有吸引太多的注意，我们仍然相信在未来它们是具有潜力的。地震旅游有一定的时限性，当地震旅游势头弱下去以后，在更成熟的运作下，这两项旅游产品当有希望继续成为映秀镇繁荣的资源和根基。

图 3-23　同济大学建筑设计研究院（集团）有限公司设计的安置住宅（摄于 2014 年 2 月）

图 3-24　游客参观映秀了解汶川熊猫生态文化旅游区（摄于 2012 年 11 月）

3.4 服务配套与公共

~~~~~~~~~~~~~~~~~~~

3.4.1 公共服务背后的利益

1. 对映秀灾后重建的意义

地震毁掉了映秀大半的镇区，摧毁了映秀全部的公共服务设施和相应功能。要重建映秀镇，就要首先恢复这些日常功能，重建完备的公共服务设施。

2. 小城镇公共服务设施的典型性

一方面映秀的用地矛盾十分突出。由于地震带的限制，可建设用地十分稀少。同时出于安全的考虑，映秀的公共服务设施实施指标非常高。如何解决这种用地矛盾，同济规划院做出了一些系列有益的尝试。这一点对于其他小城镇具有借鉴意义。公共服务设施是承载公共服务的空间载体，是保障社会正常运转的重要组成部分，其规划布局的合理和均等化发展具有非常重要的现实意义。尤其是对于小城镇来说，虽然规模小，但是仍然需要具备复杂的功能，为居民提供完整的公共服务。映秀在这一方面的经验值得借鉴。

3. 多元利益诉求

在这一点上除了常规的博弈主体之外，还加入了不同的社会组织，也就是公共建筑的使用主体。一个功能俱全的小镇系统包含自然生态、经济产业、文化和社会等各个子系统，每个子系统都对应相应的单位或机构。它们最终都要以空间的方式表达出来，占用土地。这些主体不仅是使用者，也是建筑资金的来源。但是他们各自在用地和建筑空间方面都用相应的诉求，因此彼此之间必然会发生利益博弈。政府作为整体希望能提高映秀镇的公共服务水平，但也害怕它们会成为自己的财政包袱。对于居民来说，他们是公共利益的享有者。他们需要这些机构来提供服务，以提高自身福利水平，但同时，他们也着眼于个人的要求和愿望，不希望这些公共机构和设施侵占与自身利益更加密切相关的居住空间。

4. 规划的考虑，以公共利益最大化为原则的平衡和协调

从规划角度来说，整个映秀镇要正常运转，需要功能完善，结构完整。因此规划要接纳多个不同的组织主体入驻映秀。但是由于映秀镇用地紧张，"集约"使用空间是一个重要的规划考虑。另外，对于历经灾劫的映秀镇，"安全"也是首要需求。

这几个利益主体的博弈焦点就是土地和空间。同样地，保证公众利益最大化是我们平衡

图 3-25 "无围墙"的公共建筑（摄于 2013 年 4 月）

这些利益博弈的重要指导原则。在这一点上着重寻找的平衡点偏于政府一方。具体说来，张县长提到过三点：官方组织不与民争地；老百姓不与公共设施争地；公共设施不以安全作为代价来争地。这三个不争就是当时解决多方利益诉求的方法。可以看到，这三点符合规划专业的要求，以公众利益为准绳。同济规划院力求用更精湛的专业技能，保障这三个原则不被打破，保障多方共赢。最后，一部分初始设想得到了实现，比如一站式行政中心的建立。但是也有一些设想因为资金、文物保护、管理和利益分配等问题无法协调到位，没有充分实现。比如中滩堡大桥和两河口地下防灾空间最终没有依构想建成。

3.4.2 "集约"与"安全"的公共设施规划构想

1. 设施的复合度

映秀镇的建设用地仅有 0.75 平方公里。规划者需要在有限的用地面积上有机融入规划中提出的各项功能，特别是映秀独有的防灾减灾示范功能和震中纪念原地功能。而配套基础设施之间不能有用地上、功能上、利益分配等方面的明显冲突，这对设施的复合度提出了较高的要求。在规划过程中，我们的设想是通过不同功能的空间共享，减少空间上的人为阻断以及配套基础设施的集成安置来提高设施间的符合度。

例如，在规划中提出"无围墙小镇"的概念，希望映秀镇的公共空间实现零分割，零阻断，尽量取消围墙。最初甚至希望学校和医院的围墙都全部取消。这种设计的优点在于能够最大限度地提高公用空间与设施的共享率，在一定程度上提高了居民社交与生活的公平性。这种设计也增强了不同区域和设施之间的连通性，并且减弱了围墙造成的空间分割对人心里的压迫感，在日常生活中增加了一种轻松自然的氛围。

在功能的空间共享方面的设想是将防灾减灾用地整合进其他公共设施。例如，政府办公大楼在灾害期间会启动应急指挥功能，宾馆、学校操场、露天及地下停车场等，在灾害期间将过渡为应急避难场所。而道路系统在除了日常的交通功能外，在路线、等级、联网等设计上也融入了逃生和救援的功能。这种基础设施多功能性的建设一方面节约了用地，潜在提高了设施和空间的利用率；另一方面将原本比较庞杂的防灾减灾基础设施布局于无形当中，尽可能减少对当地居民的日常生活的影响，特别是空间占地和心理方面。而灾害来袭时这些防灾减灾设施就在身边，随时可以发挥作用。

在管线方面的设想是将水电气通讯等管线集中安置在一起，基本上是一种简化的"共同沟"。与分散布置管线的模式相比，这种集成安置方式有多重优点：一是方便管线的集中管理，在出现问题时便于快速的定位和集中维护；二是在建设过程中大大减少了铺设管钱的开挖量和开挖面积，减少了分散安置过程中与其他基础设施建设之间的协调。

2. 防灾减灾示范的标准

安全方面，对于在地震震中原址重建的映秀来说，我们认为防灾减灾示范应该是小镇需要具备的基本属性之一。作为规划者希望这种示范性能够通过创新性、系统性、高标准和高可见度等方面得以体现。

就创新性而言，比较突出的应该是抗震建筑示范这一块。映秀新建的建筑运用了大量的新技术、新材料、新设备和新工艺。例如：建

图 3-26　因地制宜的避难广场（摄于 2014 年 2 月）

图 3-27　与景观相结合的水利设施（摄于 2013 年 4 月）

筑隔震橡胶支座、阻尼器、耗能支撑、抗震砖混结构、抗震框架结构、钢框架结构、轻质墙体与楼盖等近百种抗震技术。这些技术被成体系地运用在了不同规模和结构的建筑中。并且在建设过程中，在重建资金的边界条件下尽可能采用高标准和先进的施工工艺以及管理办法去实现这些设计。另外，为了实现良好的可见度，典型的抗震结构部件通过透明材料、部分镂空、建造街头模型和设立标牌等方式被展示和融入日常生活，力图在映秀构建出一个鲜活的抗震建筑博物馆。

以上对于映秀公共设施的规划构想有一部分得以实现，有一部分无法实现。其中无法实现的很大原因是在追求利益均衡的过程中，不得以牺牲了规划方面的专业诉求。

3.4.3 三个公共服务设施的不同命运

1．一站式行政中心的实现

映秀镇虽然小，但依然是一个非常完整鲜活的小镇，具备各种公共服务功能，因此各种行政单位部门齐全。在设施落地过程中，总共18家公共服务单位，按原来的模式，都希望拥有自己单独的用地。如果每家单位两三亩地，总共就要50亩地。如果公共设施占用了大量的用地，势必将缩减住宅用地和产业用地，对居民的公众利益造成影响。作为专业规划师，

我们认为这样的方案对于一个小城镇来说，是不合理和低效的。最终通过协商，确定的方案是将所有单位都集中在一栋楼里，只占用了几亩地。并且顺势设置了一站式服务中心，更加便利对于居民的公共服务。在协调利益，说服各单位的过程中，官不与民争地就是同济规划院始终坚持的原则。我们认为，在这方面映秀是成功的。现在一站式服务的理念已经在各城镇普及，大大方便了小镇居民的生活，成为一个成功的案例。

2．未能建成的避难所

两条河交叉的位置是贝氏建筑事务所设计的青少年活动中心。这是全映秀最中心的位置。按照最初的抗震防灾整体方案，应该建成应急地下防灾据点。但是，青少年中心由团中央和省团委认捐。他们希望青少年中心拥有自己的地震厅和展馆。由于投入的资金有限，修建了地震厅和展馆，便无法同时在地下建防灾据点。虽然从全局考虑，映秀镇区范围内的会议室可以公用，各类展馆的数量也不必太多，因此可以把青少年中心这一部分资源省下来，用于修建全镇的地下防灾据点。但是由于各个认捐单位，社会组织的分割及各异的考核验收标准，没有办法从全局统筹。在这个利益博弈的过程中，我们从规划角度认为是失败的，没有能够将公共利益最大化。

图 3-28　郑时龄院士设计的一站式行政中心

图 3-29　一站式行政中心融入市民日常生活（摄于 2014 年 2 月）

3．未能建成的渔子溪车行桥

镇区北部片区和南部片区被河流隔开。由于震后，大部分人都是被映秀中学、地震遗址中心吸引来到映秀。同济规划院希望可以修建大桥，直接将人流从遗址中心吸引到镇区北部继续参观旅游。但是由于文保部门将河对岸一个遗址申请成省级文物保护单位，而这个遗址正挡在桥墩的修建地，导致大桥无法建成。这也直接导致许多游客游览完遗址中心后，就离开了映秀。镇区北部商业冷落萧条，不如南边。我们想了很多办法，比如把停车场从南部调到北部，引导人们到北部游览，但是依然没有解决这个问题。城市建设过程中，文保系统和城市建设系统是割裂的。申报遗址是从文保部门的自身利益诉求出发，本身无可厚非。但这件事情说明，如果不能将各个利益主体全部囊括进城建系统里，统一统筹协调，各自主体的利益诉求将导致公众利益无法最大化。

好消息是，由于当初的规划设计在建设中保留了桥址所需空间与道路标高对接，经各方面协商后，将来在此处桥址上还可以建一个步行便桥，来大大改善两岸的交流。

3.4.4　小结

映秀的经验对于用地矛盾突出的小城镇公共服务设施规划来说具有典型性。同济规划院做出了几点有益尝试。一是行政服务中心。将不同的单位规划在一片相对小的街坊内，并有建筑师进行整体设计，节约用地。一站式行政服务中心的理念已经在各小城镇普及开来；二是在解决利益冲突方面坚持把公众利益和安全放在首位，并做出相应的机制设计。尽管在实践过程中，由于各个系统衔接的问题规划设想并不总是能实现。但是有一些可以解决的问题，我们及时做了对于机制的全面调整。比如发现施工队在施工过程中毁掉了原生树木，在发现后立即设计了每天的监督回馈制度，以制止此类与规划脱节的行为。对于另一些暂时确实无法解决的问题，同济规划院都预留了方案和空间。比如此前对于大桥的预留方案（河岸两侧的道路标高、承重标准及市政预留）。

这一点对未来的规划是有启示作用的。比如，应该进一步增强规划和其他系统的衔接，建立一个更加整合的指挥系统，以保障规划理念的进一步完整贯彻。

　　　　大爱小镇——映秀灾后重建规划的五年实践与评估

图 3-30　东莞市交通规划勘察设计院设计的渔子溪车行桥

图 3-31　渔子溪桥址现状（摄于 2013 年 4 月）

3.5 集群设计与风貌

3.5.1 地域性与多元化的推手

映秀采取了多方、多次集群设计的建设策略。这一点和其他由一家编制单位一方一次建设完成的小城镇迥异。映秀实践在这一点上创造了多样化的城镇风貌，提供了独特的经验。

集群设计的设计组织形式最早可追溯至欧洲的早期现代主义建筑实践展。1927 年欧洲一群设计师受密斯邀请，汇集在德国斯图加特。每个人设计了一栋住宅，组成了魏森霍夫住宅展。这样的形式无疑是具有开创性的，也说明集群设计具有某种内在的动力机制。

崔恺对集群设计有一个详尽的解释："它通常以业主对建筑艺术的市场价值的认知度为前提，以在一个区域内同时开发一组建筑群为契机，以策划人推荐合适的建筑师人选为纽带，以委托设计并提供相对宽松的创作氛围为条件，以相关学术讨论为设计协调的互动方式，以构建积极的友善的建筑和建筑之间，建造和环境之间的关系为目的，以设计理念和作品来表达特定的文化价值观。"这就说明，集群设计应当在"限定的时间与场地"之内进行，设计单体之间应当具有一定的关联性。

集群设计中较多地体现了博弈的概念。首先，博弈体现在采用集群设计的策略上。汶川县的灾后重建聚集了全国的关注目光，其他小镇的建设工程已经在如火如荼地进行。对于政府和援建方来说，自然希望能够尽快重建映秀镇。尤其是在援建方的资金人力都已经到位的情况下，由一家机构迅速拿出方案、一次建成的模式是最有效率的。对于居民来说，他们缺乏专业知识，从自身心理出发，必然希望早日住进永久性的新家，早日恢复正常生活。但是从规划专业角度，一次建成的小镇很容易塑造成城市居住区一样的风貌，整齐划一、死板僵硬。而我们一开始的规划思想，就是将映秀建成温情小镇，还原小镇应有的风貌，丰富多彩，充满生机活力，可以生长和变化。另外，这样的模式也更能促使住宅使用主体和负责该栋设计的专属建筑师交流，保障民众的意愿和诉求得以充分表达。因此我们坚持采用多方多次的集群设计策略。实际操作过程中，这种模式带来了巨大的时间和交易成本。2008 年 10 月同济规划院接到任务，次年 6 月方案仍因为协调问题迟迟不能完成，导致工程无法开工。政府和援建方多次催促，但最终，对丰富多彩小镇风貌的愿景打动了他们。集群设计的策略得到了顺利实施。

其次，集群设计本身就是建筑师，包括规划师互相博弈的过程。集群意味着产生相互的比较，意味着显现差异，也就意味着必然出现的矛盾。在一定意义上容许存在个性就意味着存在相互间的冲突。解决或者缓解了矛盾，就能够产生同向的合力并产生具有一定价值的共

识。城市规划系统通常在其中扮演了制定统一规则和缓解矛盾冲突的角色。在映秀的案例中，这一点表现得非常明显。当初何镜堂的展馆方案是纪念塔式的，非常宏大和有冲击力。规划团队从整体角度认为这是不妥的。希望山上的展馆能够隐入山景，融入周围的环境里，不要过于强调地震主题，破坏映秀小镇的风貌。修改后的方案完美地达到了这一点。另外，在居民住宅设计中，邀请的设计单位和建筑师非常多，他们都有自己的想法。但是，规划制定的设计要求规定，住宅必须要体现羌族特色。建筑师回馈的方案彼此协调又多种多样，都体现了自己对羌族特色不同的理解。这样的在一定控制条件下的差异构成了小镇多样化的风貌。

3.5.2　集群设计的基本情况

同济规划院作为规划方，制定了控制性详细规划和城市设计导则，并有详细的设计要求。除了规定的数字控制以外，还有对建筑形态的控制。在由规划设计要求搭建的统一平台上，各设计单位共同完成了集群设计。不同的设计师和建筑师在各自的用地上完成初步方案，交给同济规划院审阅后，再和建筑师进行动态的协商。如果建筑师的作品创意非常出彩，在不

破坏最终映秀统一风貌的前提下，我们也会适当调整城市设计方案和要求，以保障建成后的映秀具有风格统一，但同时又具有高质量的城镇风貌。因此，映秀重建中的规划控制是有包容性和弹性的。

3.5.3　集群设计的得与失

映秀规划建设中，同济规划院透过宏观的视角，以公共利益为导向，偏向于使用者民众利益主体一边，希望为他们提供一个多样化，富有生机活力的生活环境。希望他们不同的诉求能够充分反映到建筑中去。笔者有理由相信，这个策略取得了良好的效果，塑造了一开始预期的、多样化的城镇环境。

当然，由于积累的经验不足，这个策略执行过程中也有一定的问题。比如，地块区分太过僵硬，风格过于分散和多样，造成了彼此之间有不协调之感。但是笔者相信，在运用更为纯熟的情况下，集群设计的策略将有助于在城市化的大背景下建设不一样的小城镇，为使用者提供更高的环境质量。而这方面的不足与教训，很快便在同济规划院随后承担的上海援建都江堰的集中建设区——"壹街区"的设计组织中得到了完善与提高。

图 3-32　多样而协调的重建住宅集群设计（摄于 2013 年 4 月）

表 3-6　参与映秀灾后重建主要设计单位与专家列表

主要设计单位	参与设计内容
上海同济城市规划设计研究院	总体规划及风貌设计、修建性详细规划
同济大学建筑设计研究院（集团）有限公司	民居、商业街
天津大学建筑设计规划研究总院	民居
清华大学建筑学院	中学
华南理工大学建筑学院	地震纪念地、卫生院
阿坝州建筑设计院	客运站、民居
中国建筑科学研究院	新材料、新技术应用
北京市政设计院	市政设计
阿坝州建筑设计院	居民
中国建筑西南设计研究院有限公司	民居、市场
安德鲁与中国建筑西南设计研究院联合体	学术交流中心
美国贝氏建筑事务所与中国建筑科学研究院联合体	青少年活动中心及河口广场
东莞市城建规划设计院	总体规划
东莞市交通规划勘察设计院	桥梁设计
东莞市水利勘测设计院有限公司	河堤设计
中建国际（深圳）设计顾问有限公司	小学
北京城建设计研究总院有限责任公司	幼儿园
主要专家	

贝聿铭（美国）　吴良镛（院士）　郑时龄（院士）　赵基达（中国建研院）
保罗·安德鲁（法国）　何镜堂（院士）　周锡元（院士）　钱方（中建西南院）
彭一刚（院士）　周福霖（院士）　周俭（同济大学）

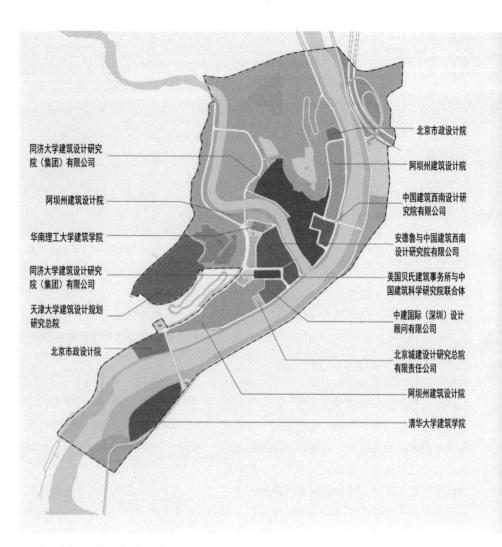

同济大学建筑设计研究
院（集团）有限公司

阿坝州建筑设计院

华南理工大学建筑学院

同济大学建筑设计研究
院（集团）有限公司

天津大学建筑设计规划
研究总院

北京市政设计院

北京市政设计院

阿坝州建筑设计院

中国建筑西南设计研
究院有限公司

安德鲁与中国建筑西南
设计研究院有限公司

美国贝氏建筑事务所与中
国建筑科学研究院联合体

中建国际（深圳）设计
顾问有限公司

北京城建设计研究总院
有限责任公司

阿坝州建筑设计院

清华大学建筑学院

图 3-33 映秀镇主要建筑设计参与单位分布图

3.6 规划管理过程的评价

对规划管理过程的评价是个非常复杂的问题。在规划理论的研究中，对其最为详尽的叙述当属亚历山大和法吕迪于 1989 年提出的 PPIP 理论模型，但也正因实践难度太大而从没有被评估者们采用过。但是笔者相信，这并不意味着无法评估。在这五年里，从规划开始到现在，从方案一步步落实到具体空间，经历了漫长而曲折的过程。这期间遇到了很多问题，这些问题的逐一解决使得笔者对"规划"的含义和本质有了越来越明晰的理解。尤其是第一次彻底脱离了只是"方案绘制"的阶段，而对规划实施的整个过程有了完整地把控和思考。PPIP 虽然由于其过于详尽无法完全应用于映秀评估，但是参考这个模型，有助于笔者制定出符合实际情况的，最重要的几个评估标准。并以此为索引分析映秀规划过程，希望能得出有价值的结论。根据维托·奥利维拉和保罗·品霍的观点，每个规划都有属于自己的不同特点，不能一概而论，采用统一的评估方法。本节所提出的评估标准以 PPIP 为重要参考，同时也考虑到了映秀规划的自身属性和特点，相信是具有科学性和合理性的。

在 PPIP 模型中，理性是对于规划过程来讲十分重要的因素。制定的方案在实施的时候遇到问题，需要规划师"理性"地思考来判断是否要调整方案或如何调整。这是直接关系到规划是否具有科学性的重要指标。它也在时间有限，参与组织复杂的映秀规划中起了重要作用。要评判映秀规划的实施过程，最重要的就是评判以及反思规划师的"理性"是否得到了保障。在这一途径下，同济规划院设计了三个标准来评估，每个标准设计了一些评估问题。本小节的主要内容就是定性地回答这些评估问题。

1. 评估标准一：完善度

评估问题 1：信息技术的最优化。制定方案及实施的过程是否保证获得最完整的信息？运用了最佳的技术手段？

评估问题 2：多方案最优化。是否评估了不同方案，并从中选择了最佳的方案？

这两点，笔者认为在映秀规划都做出了比较好的回答。映秀灾后百废待兴，时间紧迫。但是我们仍然从多种手段保证了信息的真实性和完整性。同济规划院踏勘了真实的基地，对政府领导和民众进行了访谈，收集了一切有关映秀的图件和文字资料，获得了大量的第一手信息。这些信息是规划中各种决策判断的基础，是其科学性的第一重保障。而同时，由于规划的对象是一个完整的镇，一个复杂的系统，需要用到多学科的专业支撑。同济规划院与同济建筑院的整个团队都成为了映秀规划的后备支撑力量。在规划方的协调下，每一个核心的问题都会得到相关专家的专业指导。在信息技术的最优化方面，映秀规划切实取得了较好的成效。

多方案更是映秀规划的核心指导思想。映秀规划工程庞大，关联甚多，各种思想都在其中碰撞。每一种意见的关注点和落脚点各不相同。在这种情况下，制定多种各有侧重的方案，来表达各种不同的思想，就成为交流的前提和必然。通过把不同的意见落实到空间上，呈现出一个具象的方案供给大家讨论，这样就构建了一个明晰的讨论框架，显然有助于得出一个更为理性的结果，选择一个最优化的方案。比如，在行政中心布局的问题上，同济规划院做了两个方案。一个是根据使用主体意见，采用分散式布局；另一个是集中布局。在这两个方案中，经过充分地理性抉择，最终集中的一站式布局得到了采纳，并在其他的城镇规划中推广开来。方案的选择在集群设计中体现地更为明显。通过采用多方多次的设计策略，每个建筑师对建筑都有了不同的理解。在协调统筹设计的过程中，经常需要建筑师做出不同的方案，然后再来选择一个最优布局。可以说，在完善度这一点上，映秀规划应该能打上比较高的分数。

2．评估标准二：理性过程

评估问题 1：偏移的理性支撑

这种偏移是由什么引起的？过程中每一点对于方案的偏移是否确实符合逻辑？符合规划的专业性和大原则么？

评估问题 2：方案的灵活性

方案的偏移事先有想到么？方案中是否包含灵活性？

这是评估中最复杂的问题，也是每一个规划都避免不了的问题。在规划被当作"蓝图"描绘的时候，每一点对于蓝图的偏移都被认为是失败。但是多年的实践证明了这种蓝图规划是没有办法在现实中实现的。由人构建的社会错综复杂，其未来发展远不是某个或某群人可以完全预料并绘制在图纸上的。在实施过程中，对于规划图纸的偏移不可避免。那么，保证偏移是个"理性过程"便显得尤为重要。在映秀规划实施过程中，笔者作为方案的编制者，和实施管理者，亲身体验了并深刻理解了这种偏移。城市规划在某种意义上，是人们的社会理想在空间上的物质表现。这种社会理想不仅是规划师的，而是社会每个群体的，因此它必然要经过不同群体的协商和博弈。这一点是对于方案偏移的最重要原因。

对于评估问题 1，笔者认为映秀规划中的大部分偏移都是理性的。规划自身专业需求有一个大原则，就是保证公共利益，这个是不能动摇的。在公共利益中，安全尤其重要。其次是我们为规划制定的目标，比如希望映秀镇是个让人们安心的家园，是个具有风情的小镇。

在利益博弈的过程中，某些标准可以妥协，但是必须有规划专业的底线。在上文所述的案例中，有一些很好的例子。比如住宅形式的改变。公众参与的时候才发现，公众利益诉求和规划师的专业诉求是有冲突的。还包括渔子溪选址的案例。渔子溪居民对于故土的眷恋和其他的一些情感生活需求是最开始规划者没有考虑到的。秉着公众利益最大化的原则，我们迅速更改了实施方案，这些偏移都是理性的。但是也有一些非理性的偏移。比如避难所的无法建成和大桥的无法建成。前者是由于赞助组织的坚持，后者是由于和文保系统的冲突。笔者认为原有的方案更能体现公共利益，但是没有办法实现。而这在很大程度上是因为各方组织不能及时充分地沟通讨论。比如在城建系统建桥之前，文保系统已经将废墟设定为保护性文物。两个系统的割裂造成了结果的非理性。这件事情说明理性抉择的前提是保证自由，充分的各方讨论协商。这个在映秀规划中没有完全做到。

评估问题2也是规划专业领域面临的经典问题，笔者认为映秀的规划较好地达成了这一评估标准。首先体现在控规的定性条目上。平常的控规编制最重要的是量化的指标控制。但是事实上，真实的城市建设不是依据一些指标就可以把控完整。同济规划院为映秀制订了详细的城市设计导则，在定性地控制城市风貌的同时也拥有一定的灵活性。更重要的一点是规划方案的留白。从总体规划方案的角度，在一些暂时无法解决的问题上。比如，大桥的选址以及映秀作为交通枢纽站的可能性，虽然暂时无法实现，但作为规划者仍然预留了空地，以备将来需要。这个规划方案并不是已经"填满"了的方案，我们在需要的地方留了白，也就是增强了方案的灵活性。第三点可以体现在映秀规划的不断动态调整上。哪怕城镇建设已经完成，我们仍然根据住户的具体需求重新调整和改造。从一开始，我们就认识到方案不可能百分百地具体落实，但始终抱着开放的态度，准备随时动态地调整。因此笔者认为在方案灵活性的评估上，映秀规划取得了比较好的效果。

3．评估标准三：参与度

评估问题1：参与面

相关利益组织是否都参与进了规划实施的过程？

评估问题 2：参与者权重

这些组织和人员的意见是否在规划中占了相应的权重？

映秀规划的特殊性使得比一般城镇建设更多的主体参与进了城镇规划当中。这些组织大致可以分成四类。①管理实施主体，即各级政府；②投入了资金和人力，主要包括援建方和其他对口的赞助组织，如省团委等；③是专业技术人员，主要是规划师和建筑师的团队；④使用主体，即当地居民。可以说，在映秀规划过程中，这四个主体都参与进了规划的进程中去，并进行了博弈。但是各自参与的阶段和程度都不相同。比如最受社会关注的使用主体——当地居民。与他们最为息息相关的领域应该是住房，同时这一方面他们也最为了解。因此当地居民参与最多的部分就在住房规划，他们的意见也占了非常大的权重。但是在其他方面，比如公共设施规划等，居民的参与程度就较低。一来他们缺乏相应的专业技术知识，二来映秀规划的特殊性需要保障一定的效率。在现实情况的约束下，居民的参与程度没有像在住房规划的领域那样高。总体来说，笔者认为映秀规划中，参与度这个层面做得比较好。各个相关组织都尽可能地被包含到规划进程中去，并对各方的意见做了充分的采纳和尊重。

对于方案和过程的评估都是定性的，并且是由规划参与人员自我评估。这样做尽管比较主观，会带来不确实等一系列风险，但是从参与人员的视角去解析规划过程，有助于读者深度完整地理解映秀规划，对于我们这些参与者来说，也是一个深刻的反思。当然，为了弥补这种定性的不足，下一章节会更多地采用定量的方法，来帮助读者从客观上对于规划效果有一个大概的认知。

4．总体评价

陈书记：

满意程度上觉得很好，映秀镇被规划和建设得漂亮而安全，但就是质量差了点。但是现在建成的房子比以前的木房子好多了。公众参与总的来说也很好，老百姓推荐 23 名业主代表，我们都参与了重建的过程。居民的诉求还是基本满足了的，过去都是政府说了算。

王老伯：

总的来讲我们都很感谢政府和党，我们现在的生活质量比以前还是好多了。

04

"这场灾难留给了我们莫大的痛苦和恐惧的回忆。

阵痛中我们失去了诸多最珍贵的人和物。

然而一切的伤痛后我们还要坚强地活下去，去完成我们爱的人们未完成的心愿……我们想到最好的措施就是将废墟渐渐地掩盖……我们说废墟和灾难是需要纪念的，但这是一个需要忘却的纪念。"

——保罗·安德鲁写给阿坝州政府的信

4.1 总体实施情况的评估

4.1.1 本章评估方法

老映秀被大地震摧毁殆尽，2009 年重建规划的编制为映秀的未来设定了新的起点，新镇在一年多时间内建成，这在城镇建设上也较罕见。从社会经济发展的角度来讲，该过程可以看作一种基于重建规划的"爆炸性"生长，并引发了一系列在管理、城市、社会、经济和文化等方面的连锁反应。矛盾与博弈在重建过程中体现得尤为激烈。震后五年，规划与重建引发的演变仍在持续，过程中展现出的经验与教训既有普遍性又具有映秀个案的独特性。总结这些经验教训是该评估的价值所在。

评估主要针对映秀规划的实施状况以及对当地社会经济发展的影响两个角度出发对规划进行评估：一是从实证分析的方法入手，评估重建规划的实施状况，测评哪些项目得到实施，哪些没有实施，并简析实施与否的原因。这是单纯从物质空间以及规划可控的层面出发的评估，是一种相对机械的蓝图式评估，或者叫作硬性评估。具体包含了规划阶段性目标落实情况评估；县域城镇体系规划实施情况评估；城镇建设用地使用情况评估；强制性内容的执行情况评估。

规划的实施会启动一种连续而复杂的系统性演变进程，进程包含了可控与不可控的因素，并且影响面远超单纯物质空间层面。为了对规划的实施进行比较系统化的测评，评估的第二个角度着眼对规划在映秀重建与社会经济发展中起到的作用进行简析，涉及社会、经济、文化等多层面，并且关乎规划实施的绩效。评估包含了对方案提出的目标策略的评估，专业规划与下层次规划制定情况评估；决策机制建立与运行情况评估等。这是一种相对软性的评估，定性的成分多于定量的成分。物质空间是城镇的基础，社会、经济、文化和人口素质等复杂的外延因素是以骨架为基础的血肉，它们与物质空间密切互动，形成整体。软硬结合，或者说动静结合，定量与定性相结合的评估才能较全面地勾勒出规划的实施情况以及社会影响的图景，成为城镇后续发展的重要参考。

本次评估范围结合了宏观、中观与微观层面，包括映秀镇域和镇区两个层次。宏观层面为镇域村镇体系涉及的整个镇域，下辖渔子溪、中滩堡、枫香树、老街、张家坪、黄家村、黄家院村等 7 个行政村，1 个居民社区，辖区面积 115.12 平方公里；中观层面为镇区范围，面积为 168.94 公顷；微观层面涉及镇区风貌，人口发展情况等更细致的内容。评估的期限为 2009—2012 年，即《汶川县映秀镇灾后恢复重建总体规划（2008—2020）》编制完成实施至今。

评估的具体方式可以从通过以下结构图来表示：

评估由三组对比构成。第一组是规划编制

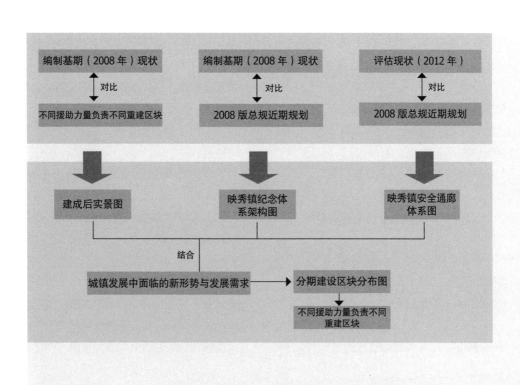

图 4-1 映秀重建规划评估结构

基期 2008 年情况与 2012 年情况的对比，第二组是规划编制基期 2008 年情况与 2008 年总规内容的比较，第三组是 2012 年情况与 2008 年总规内容的比较。从三组比较来获得 2012 年映秀面对的问题，2008 年总规存在的问题以及总规实施中存在的问题。三者的汇总将形成评估的结论与建议。现状数据统计大部分以 2012 年为准，数据引用以映秀镇相关部门提供的经济和社会发展等资料为准。规划实施情况的评估抽取了总规的关键和核心内容，省略过于复杂、详细的细节。选取的信息以表格的形式表达，以增加信息呈现的清晰度和条例，同时也与评估部分的文字段落相区别。实施评估不对过程中提到的问题进行分析，对社会、，经济、城镇功能等方面问题的分析将在第二部分对六个分目标的评估过程中进行。

4.1.2　规划总体目标落实情况

建成后经过两年的发展，2012 年映秀全镇集体经济收入 3 346.6 万元，超过"2008 版总规"规划的 2011 年映秀镇国内生产总值的 2 900 万元的目标值。农民人均收入 7 035 元，旅游业发展特别迅速，旅游综合收入达到 2 400 万元。

相较于震前 2006 年 GDP 1 436 万元，2012 年地区生产总值已实现大幅度提升。其次，映秀镇三次产业结构从 2006 年的 22∶34∶44 转变为 2012 年的 26∶2∶72，产业结构向第三产业转移升级。在旅游业带动下，第三产业发展尤为迅速。

城镇化方面，2012 年末映秀镇户籍人口为 6 632 人，总人口已接近远期发展目标的 7 720 人，人口恢复迅速，已超过 2007 年全镇人口 6 600 人。其中非农人口为 2 675 人，镇区常住人口 6 113 人，城镇化率为 40.33%。若采用实际居住人口口径核算城镇化水平，则 2012 年映秀镇城镇化水平为 92.17%。全镇基本形成以中心镇区为中心，其余村庄为基点的村镇网络体系。

城市建设方面，总规确定 2020 年城镇人口规模为 5 700 人，城镇建设用地规模为 72.08 公顷。2012 年镇区建设用地已达 86.88 公顷，超过城镇远期建设目标；镇区总面积 168.94 公顷，已达到 2020 年镇区面积 1.69 平方公里的目标。

生态恢复方面，镇域内的重大市政基础设施走廊、水源保护区、遗迹保护区等生态敏感区，以及地震退距范围地区基本按照"2008 版总规"

表 4-1　重建规划目标一览表

规划期限	2008—2020 年	恢复重建期 2008—2011 年	提高发展期 2011—2020 年		
镇域规划范围	映秀镇行政区划范围内所有村镇共 115.12 平方公里		中心镇区总用地面积　　　168.94 公顷		
城镇性质	防灾减灾示范区；"5·12 汶川大地震"的震中纪念地；旅游集镇				
城镇规模	2020 年，中心镇区用地面积为 1.69 平方公里，其中建设用地面积 72.08 公顷。中心镇区规划人口 5 700 人，城镇化率 74%				
重点发展目标					
重建安全家园的典范			弘扬地域文化、重现特色风貌的典范		
人与自然和谐发展的典范			体现人文关怀、弘扬抗震精神的典范		
社会经济恢复与发展的典范			传承社会脉络、重建模式多元化的典范		
其他目标					
社会发展目标	2020 年映秀镇域总人口达 7 720 人，中心镇区人口 5 700 人，城镇化水平率 74%				
村镇建设目标	地震旅游及纪念中心，国际抗震减灾科研教育系统的节点之一；休闲旅游业，县域公共交通换乘中心，县域水电业服务基地；区域旅游综合服务重镇				
生态环境修复目标	恢复分区：映秀镇域生态恢复分为遗址保护、重点治理、一般治理、自然保育 4 类区域；各类型受损区治理措施；综合治理规划：主要河道两岸的治理，小流域治理规划				
定性目标	2011 年全面完成灾后重建任务，经济发展水平得到全面恢复并超过震前水平，同时形成以地震遗址旅游和休闲旅游为特色的旅游体系。建立震后旅游特色产业群，打造以地震纪念和休闲旅游为核心的产业体系				
定量目标	2011 年 GDP　　2 900 万元　　2020 年 GDP　　　　10 200 万元				
	2020 年第三产业结构　　　10：30：60				
第一产业	发展畜牧业观光和生产基地；发展茶叶、猕猴桃、药材生产基地				
第二产业	恢复耿达电站、映秀湾电站、渔子溪电站运行；原址重建九寨药业；在羌族特色商业街发展家庭式的特色手工业作坊				
第三产业	大力发展地震遗址旅游，沿国道 G213 和长途汽车客运站发展小规模家庭式的商贸业				
就业方向	从第一产业向第二、第三产业转移。依托灾后工业、运输业、旅游业、配套服务业以及灾后建筑行业等发展，集中和就地拓宽本地就业岗位，初步预计提供就业岗位约 3 100 个				

的相关规定进行了控制。重建期间已经按规划提出的方案分批次对崩塌区、滑坡区、沟道泥石流潜在易发区等进行了相应治理，并针对岷江、渔子溪河映秀段、小流域等水系进行了治理。目前映秀镇区及周边地质状况基本稳定，较震后的情况有质的改变。其次，映秀镇周边自然生态环境基底原本较好，震后几年内周边山体植被已迅速恢复，大多数滑坡体已被植物覆盖，山体已经展现出郁郁葱葱的状态。

在国外，通常受灾严重的地区要经历一段发展低速期，这是基础设施大量损毁，大量人员伤亡，社会"元气"受损的结果。从2012年的各项宏观数据来看，映秀灾后的社会经济发展在重建规划引导下经历了爆发式的恢复过程，社会经济发展只经历了灾后救援和重建规划编制期间短暂的停顿期，规划提出的总体目标全面实现。这种成功说明重建规划对灾后短期内宏观情况预估比较准确，基本符合实际情况。

然而现状也反映出第二产业发展缓慢，工业生产总值低的问题，镇区农业人口向非农人口的转换比较缓慢。2012年，地区工业生产总值仅为0.04亿元，主要来源于映秀铝厂。畜牧业观光和茶叶，药材等当地特产的产业化发展进展较慢。九寨药业因原址地质不稳定已迁至都江堰。产业上的深化发展是映秀未来面临的主要挑战之一。

4.1.3 镇区用地功能组织

I. 镇区用地功能组织

表 4-2 映秀镇区用地功能组织表

	居住用地 23.61 公顷	公共设施用地 6.19 公顷	发展备用地 8.05 公顷
总体布局	中心镇区建设用地占比32.76%	中心镇区建设用地占比8.59%	中心镇区建设用地占比4.77%
用地结构	一带	地震纪念带	
	两轴	沿岷江与渔子溪的两条城镇生活发展带	
	四组团	镇区中心组团 渔子溪上坪纪念组团 枫香树发展备用地组团 岷江东教育组团	

图 4-2 中心镇区人口稳定增长（摄于 2013 年 4 月）

图 4-3 逐步恢复的自然与城镇风貌（摄于 2012 年 12 月）

图 4-4 山体绿意葱茏（摄于 2013 年 4 月）

2．建设用地实施完成情况评估

根据现状调查整理，2012 年，中心镇区建设用地规模约为 83.32 公顷，已超出 2020 年远期目标值 11.24 公顷，达到现行总规 2020 年规划目标值 72.08 公顷的 116%。

更详细的用地情况可通过下表呈现。用地分类标准以《城市用地分类与规划建设用地标准》（GBJ137-90）中居住用地、公共设施用地、道路广场用地、市政公用设施用地、公共绿地五类用地作为参照对象。

表中，公共设施用地增加主要为枫香树组团增加了地震遗址保护区；道路广场用地增加因为本次将高速公路、国道、省道一起计算，并且在镇区南部增加了一停车场用地；市政公用设施用地增加主要是增加了一座 220KV 变电站；公共绿地增加是在枫香树组团、镇区南部增加了公共绿地。

表 4-3 映秀镇区建设用地实施完成情况一览表

用地代码		居住用地	公共设施用地	道路广场用地	市政公用设施用地	公共绿地
		R	C	S	U	G
2020 年规划目标	面积（公顷）	23.61	6.19	15.98	4.37	15.40
	用地比例（%）	32.76	8.59	22.17	6.06	21.37
2012 年初已实施规模	面积（公顷）	23.22	7.61	22.72	4.67	25.10
	用地比例（%）	27.87	9.13	27.27	5.60	30.12
完成比例（%）		99	123	142	107	132
城市用地分类与规划建设用地标准（%）		20～32	/	8～15	/	8～15
人均面积		37.98	12.4 5	37.17	7.64	41.06

图 4-5　新增的公共绿地（摄于 2012 年 11 月）

图 4-6　城市绿化体系基本形成（摄于 2012 年 11 月）

可以看出，这种用地上的提前超越主要是由于镇区重建与近期发展的实际需求大于规划的预估，实际建设用地略大于规划面积。从另外一个角度来分析，实际用地需求大于规划值，一是由于映秀灾后重建过程复杂，期间出现了新的发展需求；二是映秀重建特别迅速，大量资源短期内汇集映秀。这种爆发式的增长具有很强的"惯性"，"发展动能"上的强劲"惯性力"带动映秀的城镇建设进一步膨胀，超出了规划设定值，以至于提前10年完成了规划用地目标。

这种"提前超越"体现了映秀发展迅速，重建的效率高，但同时伴随着一些负面效应。最直接的影响就是"2008版总规"已不能充分发挥指导映秀镇发展建的作用，需尽快进行总规修编。"2008版总规"中与用地紧密相关的其他发展策略将在此面临一个断层，难以充分实施。其次，"提前超越"造就一定"发展泡沫"：镇区内部分区域安置房空置率较高（这也与安置房分配方式有关），广场绿地利用率不高，旅游淡季镇区显得人口稀少，街巷系统显得稀疏，不够紧凑。

3．镇区用地结构实施评估

中心镇区目前已经基本实现了"一带、两轴、四组团"的规划结构。地震纪念带（一带）已建设完成，其中包含地震遗址公园、漩口中学纪念地、地震遇难者公墓、地震纪念馆等纪念设施。

沿岷江和渔子溪的两条城镇生活发展轴（两轴），基本实现带动城镇生活发展的功能的目标，成为镇区内的主要发展轴线。

四组团的镇区中心组团、渔子溪上坪纪念组团、枫香树发展备用地组团和岷江东教育组团已基本成型。镇区中心组团、渔子溪上坪纪念组团，岷江东教育组团已完成其组团内部功能的建设，在城镇的发展中成为主要的组成部分。枫香树发展备用地组团，由于地质灾害治理以及灾后恢复重建的各种因素，还没有由备用地转化为城镇建设用地，其功能和潜力还需进一步在后续的规划中进行细化与挖掘。

用地发展方向，总规确定的映秀镇区发展方向为以向南为主。经过灾后重建，镇区建设的重点区域为地震断裂带以南。镇区建设符合总规确定的用地发展方向。近期需要开展用地拓展的相关研究，通过专家论证、部门评审、行政区划调整等手段探求城镇空间拓展的可能性。

4.1.4　镇区道路交通

表4-4　映秀镇区用地道路交通规划要点一览表

城镇道路系统	主干路一条	红线宽度12米~18米	干路七条	红线宽度12米
	支路六条	红线宽度9米~12米	巷路八条	红线宽度7米
交通设施	汽车客运站一处		公共停车场一处	
步行系统规划	利用街巷廊道和滨水、沿山等开放空间设置独立步行系统，由旅游步道、休闲步道、商业步行街、绿地广场等组成			

图 4-7　便捷的城镇交通体系（摄于 2014 年 2 月）

当前镇区内主要道路为中滩堡大道和岷江路。中滩堡大道长1 000米，宽4米，为石板路，作为镇区旅游主干路；岷江路长2 000米，宽5米，为柏油路，作为机动车交通主干路。国道213线恢复通车，映秀镇内总长20公里，日均交通量500辆/日，最大日车流量1 000辆/日。303省道已恢复通车，都汶高速开通运行。

镇区道路系统建设主要有两个重点项目没有实施。一是岷江大桥因资金缺乏没有建设；二是渔子溪二桥项目因遗址保护桩基无法施工而取消。二者的取消对形成区域交通环线构成较大影响。其余道路除局部线型有所调整外，基本按照2008版总规完成建设。镇区内部道路四通八达，完全满足日常交通与人员疏散需求。

客运站方面：映秀镇客运站当前运营车辆数为3辆，日班次15班，客运量500人次/日，年产值约为80万元。结合周边旅游城镇，映秀开通旅游公共汽车，路线从映秀镇出发，经水磨镇至三江乡，运营车辆数为3辆。镇区现有2个停车场，提供停车位90个。映秀湾停车场位于镇区入口处，面积2 200平方米，车位数50辆；地下停车场位于映秀镇秀坪社区，面积1 750平方米，车位数40辆。在镇区南部有一生态停车场，面积约1.6公顷，以满足旅游高峰期的停车需求。

镇区道路交通基础设施当前主要面临三个问题，其中两个为交通环线无法形成的问题。

一是岷江三桥由于中滩堡区域的桥位结构不足，实施难度过大以及造价过高的问题，岷江三桥的建设在灾后重建中取消，导致进出镇区的道路无法便利的与岷江一桥形成环线，目前只能通过岷江一桥和烧火坪大桥（烧火坪隧道）、岷江东路（国道213）形成进出映秀镇的环线。从成都到九寨沟、黄龙方向的车流难以进入镇区，大多直接通过映秀，不停留并影响旅游业发展。

二是渔子溪二桥项目搁浅导致中滩堡区域与渔子溪下坪区域间无法形成旅游步行环线。游客普遍在渔子溪一桥和渔子溪三桥处停止前行。渔子溪二桥处成为人流的死角。

三是映秀湾停车场因用地安排限制被设置在镇区北部入口处，加上交通环线缺乏的影响，镇区北部游客数显著多于南部，南部商业经营明显逊于北部。且该停车场50个车位当前已明显无法满足停车需求，需要扩建。

4.1.5 绿地系统与景观风貌

1. 景观风貌设计要点

表 4-5 映秀镇区绿地系统与景观风貌规划要点一览表

绿地系统	构建"点、线、面"相结合的绿地系统,呈现"山、水、城"融合的景观风貌
公共绿地	设置一处巨石公园。沿道路与水域设置街头绿地,与公园相结合,形成中心镇区主要绿化网络
生产防护绿地	都汶高速防护绿化隔离带
整体风貌	一心:映秀大道周边公共活动中心; 两带:沿岷江和渔子溪两条川西风格滨水休闲带; 两区:渔子溪上坪纪念风貌区、二台山藏族人居风貌区
视觉景观系统	视线走廊、景观点、观景点共同构成"三山两水夹一城"的景观意象。 视线走廊:道路景观视廊、自然景观视廊、人文景观视廊和河流景观视廊。 景观点、观景点:中心城区的各类自然景观、人文景观和人工景
建筑高度控制	沿河道、山体居住区　　　　　　　　　高度控制 12 米 镇区公共中心建筑　　　　　　　　　　高度控制 20 米 其余地区商业建筑　　　　　　　　　　高度控制 15 米 居住建筑高　　　　　　　　　　　　　高度控制 18 米
城镇色彩控制	城镇色彩分川西风貌区、羌族风貌区、藏族风貌区。

2. 绿地系统与景观风貌实施评价

"2008版总规"确定的城市各类绿地主要为：公共绿地、防护绿地、其他绿地和现状已按规划完成目标。已建成渔子溪以东的地震遗迹公园绿地，在岷江东岸、镇区南部增加了公共绿地，绿地用地指标总体有所增加。但镇区各居住组团内部缺乏小型街头绿地、小游园等公共活动空间。原因一是由于资金限制；二是因为用地规模限制。镇区南部片区公共空间显得比较单调。

由于旅游的快速发展，根据停车需求，镇区南部的规划绿地建设成了停车场，岷江东岸的规划绿地变为地震遗址保护区控制。

整体风貌上，沿渔子溪景观走廊特点比较突出。北岸川西风格滨水建筑群与南岸保罗·安德鲁设计的映秀宾馆，贝聿铭团队设计的青少年活动中心以及遮挡遗址的半通透植物围墙相互承托，形成对比；视线远处被绿色山体远近环绕，近处渔子溪流水潺潺，整体上形成空间尺度适宜，山水人景观元素汇集，人文景观与自然景观融为一体的景观轴。沿岷江滨水休闲带景观与功能相对较差。原因在于该处为单河岸休闲区，沿线道路机动车流较多，人员活动空间狭窄。该滨水休闲带位于主镇区边沿，少有游客光顾，且岷江宽大，对岸山体遮挡视线的延伸，空间形态上变化不足，景观透视效果欠佳。

在镇区内漫步，近处不同建筑风格交替出现，远处山峰通过方向多变的街巷"冲进"视野，远近不一，自然人文景观交织，独具特色。镇区建筑高度按照规划标准进行了控制，但片区内建筑高度上统一，形态上缺乏变化，形成外形上相分离的一大块一大块的"建筑岛"。

4.1.6 市政基础设施

1. 市政基础设施规划目标

表4-6 映秀镇区市政基础设施规划目标一览表

给水工程	2020年中心镇区平均日用水量：0.33万立方米；日变化系数：1.5；新建水厂1座，供水规模5 000立方米/日；新建1处给水加压泵站，规模650立方米/日；山上设高位水池1处，容积150立方米；区内给水管网连成环状供水；城镇消防水量为15升/秒；消火栓的间距不大于120米
排水工程	中心镇区排水体制采用分流制；中心镇区污水量为0.30万立方米/日；污水处理采用二级处理工艺；污水处理厂规模为0.30万立方米/日；新建2处污水提升泵站
电力工程	规划区的最大计算负荷为1.04万千瓦；由两台220kV变电站提供10kV电源；两台220KV变电站引出的10KV中压线路为中心镇区的主要供电线路
通信工程	远期市话普及率50门/百人，农话普及率5%；移动通信普及率远期为60%，用户达到8 000户；有线电视按3.7人/户，其他用户按用户数20%计算，规划区有线电视总用户达1 848户左右；建设电信综合机房，邮政支局，电视前端站各一座，均不独立占地
燃气工程	近期使用液化石油气，远期使用天然气；居民耗热定额为2 850兆焦/人·年；旅客的耗热定额为1 500兆焦/人·年；公建用地的耗热定额为4 000兆焦/公顷·日；液化石油气年供气量733吨，折合天然气约为85万标立方米/年；新规划燃气供应站一座
环卫工程	规划区的生活垃圾8.49吨/日。远期垃圾送往垃圾处理场进行处理。新建小型垃圾转运站1个

图 4-8　新增的市民公共生活设施（摄于 2013 年 4 月）

图 4-9　片区建筑形成的建筑岛（摄于 2012 年 11 月）

2．重大基础设施建设实施评估

"2008版总规"规划的重大基础设施在灾后重建中已基本完成建设，当前完全满足镇区经济发展需要，功能发挥上甚至还有余量空间，满足中长期发展需求。市政基础设施在系统性、可维护性和质量上都较震前有了质的提升。2012年自来水厂规模为0.5万吨/日，售水量15万吨/日，比2011年增加3万吨/年，年递增率25%。现建成污水处理站1个，位于映秀大桥下，于2010年建成，现有3名员工，设计规模为3 000吨/日，现处理量2 000吨/日，排放按照GB18918-2002一级A标准执行，在市政道路下有长度10 000米、管径5米的排水管道。

供电方面，镇域现有11台变电器，变电器容量最低30kVA，最高1 250kVA，输入线路电压等级均为10kV，输出线路电压等级均为220V。

电信邮政方面，宽带普及率为70%，无线WIFI覆盖率10%，3G网络覆盖率100%，中小学信息技术课程普及度100%。宽带网的使用主要集中在主镇区。渔子溪、黄家院村、张家坪村等规模较小的基层村由于居民收入相对较低，居民认为上网费用偏高，网络使用率较低，在30%左右。镇区远程教育发展较好，从小学至中学，每个年级都开展了相应的信息技术课程；从村至社区，每个季度进行远程教育一至三次。

广播电视方面，现有汶川县映秀镇广播电视站1座，职工数3人，广播节目前有2套，电视节目有线套数为101套，无线节目56套，有线终端覆盖率98%。

4.1.7　综合防灾

1．综合防灾系统建设实施规划要点

见表4-7　映秀镇区综合防灾系统建设实施规划要点一览表。

2．综合防灾系统建设实施评估

防灾减灾体系各系统基本按照规划标准实施。现已形成系统性强、复合度高、可靠性强的综合防灾系统。

在功能的空间共享方面，防灾减灾设施被整合进其他公共设施，政府办公大楼在灾害期间会启动应急指挥功能、宾馆、学校操场、露天和地下停车场等在灾害期间将过渡为应急避难场所。道路系统在路线、等级、联网等设计上融入了逃生和救援的功能，节约了用地，潜在提高了设施和空间的利用率；另一方面，原本庞杂的防灾减灾基础设施布局于无形当中，尽可能减少对当地居民的日常生活的影响，特别是空间占地和心理方面。

在管线方面，水电气通讯等管线被集中安置在一起。与分散布置管线的模式相比，这种集成安置方式一是方便管线的集中管理，在出现问题时便于快速的定位和集中维护；二是在建设过程中大大减少了铺设管线的开挖量和开挖面积，减少了分散安置过程中与其他基础设施建设之间的协调。

防灾系统的建设在地质灾害防治方面的工作有所不足。防治工作在镇区周边做得比较到位，各加固和阻挡类防护工程全面到位。但防治工作没有全面调查镇域及周边地质稳定情况，导致映秀遭受泥石流以及岷江改道的侵袭。县政府正开展对周边地质状况的调查和治理工作。

表 4-7　映秀镇区综合防灾系统建设实施规划要点一览表

指挥工程	建设综合指挥中心（设置在镇委镇政府行政办公大楼），应急指挥中心（设置在河口广场地下），防灾据点（围绕河口广场及周边开放空间）
生命线工程	公路生命线：包括国道 G213 线和新建的都汶高速公路，作为灾时保持对外联系、物资运输、交通组织的骨干信道 空中生命线：结合学校的开放空间和运动场，保留和设置 2 处直升机停机坪，作为灾时紧急空中救援的平台
防灾分区	新镇区用地划分为 6 个防灾分区，分别组织各自的紧急避难场所和疏散通道，同时与指挥中心、生命线工程保持联系通畅
紧急避难和集散工程	分区防灾据点：镇区内共设 6 个防灾据点，人均避难面积 2 平方米 紧急避难场地：规划区内共设 9 个组团紧急避灾绿地，人均有效避难面积是 0.5 平方米 避难和救援信道：结合城镇各级道路设置 隔离缓冲带：将污水场、垃圾处理等市政设施进行隔离
消防工程	中心镇区设 1 座小型乡镇消防站；城镇道路为公共消防通道，在居住区及沿街面按规范设置消防通道；消防用水由城镇管网供给，不另设专用消防水管；充分利用岷江、渔子溪天然水源作为消防备用水源
抗震防灾工程	映秀镇抗震设防烈度为 8 度。乙类建筑退缩地震断裂带不小于 300 米，丙类建筑不小于 200 米。生命线系统重点设防类医院、教学用房以及学生宿舍和食堂等，抗震设防烈度提高 1 度 规划区设置 1 个镇级避灾中心、6 个防灾据点和 9 个组团紧急避灾绿地。12 米以上道路为主要疏散通道，7 米～ 12 米道路为次级疏散通道
人防工程	结合行政中心和河口广场设置战时临时指挥中心，结合医院、消防队等机构修建各类专业工程；设防空电声警报器 1 台，按总建筑面积的 2% 建设防空工程，结合平战需要设置战备物资仓库和防空洞，留城人员掩蔽率达到 100%
防洪规划	河道防洪：按 50 年一遇防洪标准；山体防洪：在靠山的用地区域按 10 年一遇标准设置山洪排洪沟；排涝工程：排涝按一年一遇标准，结合雨水系统规划
地质灾害防治工程	组织地质灾害调查，编制地质灾害防治规划，地质灾害临灾预报，以及在地质灾害危险区边界上设立标志，界定地质灾害治理责任 对崩塌、滑坡开展加固工程；设置完善的排水系统，防治泥石流灾害。地质灾害危险区内，禁止从事容易诱发地质灾害的各种活动
气象灾害防御工程	气象灾害防御工作，应当坚持预防为主、趋利避害、统筹协调、分级负责的原则。气象主管机构和有关部门，应当编制本行政区域内气象灾害防御规划

图 4-10 露天避难场所也是城市景观（摄于 2013 年 4 月）

　　　　　　　　　　　　大爱小镇——映秀灾后重建规划的五年实践与评估

4.2.1 2008 版总规确定的
重大项目实施评估

　　"2008 版总规"确定的重大项目包括：交通基础设施、供水电气设施、纪念馆公园、文化教育设施、防灾减灾设施、卫生医疗设施等，共 53 个重大项目。其中，已动工建设和完成的有 52 个，仅有渔子溪二桥项目因地震遗迹保护问题未建设。项目实施率达 98%。已实施或正在实施的项目，基本按照城市总规确定的用地布局和用地性质进行安排。这些重大建设项目对城市总体规划起到了深化落实作用，对映秀镇各方面功能的正常发挥以及未来发展起到强力的支撑作用。

　　"2008 版总规"批准实施以后，映秀镇依据该规划编制了《汶川县映秀镇中心镇区修建性详细规划》、《阿坝州"映秀东村"主题文化产业园总体规划》。

1．《汶川县映秀镇中心镇区修建性详细规划》

　　该修建性详细规划在总体规划的基础上进行深化，较好地执行了总体规划中的相关用地要求及用地布局结构，细化了用地分类并进一步落实了用地边界，并进行了一些突破。

　　一是扩大了规划范围：修建性详细规划结合映秀镇快速的发展需求，在总规的基础上向西、向北进行了范围扩大。二是部分道路修改：位于中心镇区的地震遗址保护区，由于"2008 版总规"规划的道路穿过保护区，对其会产生一定影响，因此修建性详细规划对这区域道路进行了修改。三是增加重大基础设施：根据镇区发展需求，在"2008 版总规"基础设施已建设完成的基础上，在镇区北部新增 220KV 变电站。四是进一步明确了城镇性质：防灾减灾示范区、"5·12"汶川大地震震中纪念地、旅游温情小镇的目标，并作出相应的规划。防灾减灾示范区包含防灾体系、避难体系、四新技术展示设施。震中纪念地包含镇域纪念体系、镇区纪念体系、旅游发展。温情小镇：街巷系统（镇区内外交通、公共空间）、建筑风貌分区、绿化景观。

2．《阿坝州"映秀东村"主题文化产业园总体规划》

　　"2008 版总规"是指导映秀镇灾后恢复重建的纲领，《汶川县映秀镇中心镇区修建性详细规划》是对镇区具体实施建设的指导，在映秀的快速发展过程中，反映出旅游发展存在着发展动力不足，旅游产业突破预期等问题，故《阿坝州"映秀东村"主题文化产业园总体规划》是重点指导映秀镇旅游产业的发展。

根据映秀镇旅游产业快速发展的需求，对镇区旅游产业细分为北区、中区和南区。北区是以民俗、非遗文化为主的展示体验区；中区是以主流文化为主题的地震文化、爱国主义文化教育展示参与区；南区是以现代农耕文化为主题的农业观光、时尚休闲区。整合上述区域，打造中滩堡村、枫香树村及秀坪社区、渔子溪村和张家坪村、黄家村、震源新村旅游核心区；构建集地震遗址、大师建筑、非物质文化遗产、教育缅怀、民风民俗、农耕文化、休闲农业为一体的综合旅游体系和新型城乡体系。围绕建设映秀国家5A级旅游景区的目标，以组团发展优化空间布局，以转型升级提升旅游产业形态，注重旅游产业景观的提升和构建，形成良好的休闲度假资源和环境。努力将映秀镇建设成为新模式、新类型的全国典型示范镇。

该规划是对映秀旅游业发展的有力补充，能够丰富映秀旅游产品，提升旅游质量，平衡旅游业发展区域不平衡的问题。

3. 小结

在复杂的环境中，映秀重建规划的实施类似于一场与时间、质量和不同利益诉求间的战斗。尽管困难重重，挑战不断，重建规划还是实现了很高的完成率。从定量角度来看，各项工程的实施率达到了95%以上，全面完成规划目标。在用地指标上甚至提前超越了2020年规划目标，反映出映秀发展的迅速。

定量目标是硬性目标，比较机械死板，便于通过相关标准实现量化控制，相对容易实现。而定性层面的目标为软性目标，目标更加具有弹性，涉及众多"度"的问题，牵扯到很多城镇规划以外的领域。比如民众心理的恢复，区域经济的建设，对当地文化的保护与尊重等。软性目标的实施遇到的问题多于定量层面，目标的实现更加困难。例如对景观风貌目标的打造，发展轴线的打造等。章节下一部分对规划社会经济效益的评估以及规划绩效的评估就要着重对这些更加发散的，多维度的问题进行分析。

其次，规划实施中表现出的一些复杂问题是定量目标难以把控的，定性目标也难以全面覆盖，是系统性的问题。例如游客在镇区内分布不均的问题，居民就业渠道减少的问题等。这些问题也是下一部分需要分析的内容。总体而言，映秀重建规划的实施度很高，是成功的。

4.2.2 对规划提出的六个分目标的评价

城镇规划设计与决策一般不是独立行为，特别是涉及把握"度"或者"弹性"的规划决策。城镇运行的很多现象都是动态的，来回波动的，

图 4-11　山峦环抱中的温情小镇（摄于 2012 年 11 月）

图 4-12　生活、自然与纪念之间的融合（摄于 2012 年 11 月）

图 4-13　镇区丰富的景观（摄于 2012 年 11 月）

"度"或者"弹性"就是要遵循这些运动的规律，为城镇运行预留空间和一定的自由度。其次，科学合理地平衡相关矛盾也是城镇规划的重中之重，是难度较大的过程。很多重要决策具有两面性甚至多面性，往往牵涉到多种问题。规划的实施会引发一系列"连锁反应"，一些现象在"反应"的第二步，第三步甚至更后面才会出现。对规划的编制者来说，这些"反应"可以称为"衍生现象"。一些"衍生现象"是规划决策的直接后果，如果规划之初没有被考虑到，规划实施以及之后会逐渐显现，影响规划目标的实现或者降低规划的社会效益，带来后遗症。城市是运动的整体，城市运行中出现的问题一般为阶段性的，不是绝对的，能通过人为或者市场的调节得到改善。但是化解大问题，凸显问题需要付出的成本代价也相应较大。因而在规划编制的过程中进行横向纵向全面考虑，尽可能减少后续问题的出现是规划师的责任，也是全过程规划的意义所在。

评估过程中笔者发现，映秀目前表现出的问题主要表现在"弹性"设计不够，后续衍生现象预估不足，以及其他技术和管理层面上的不足造成的问题。前面两种主要与宏观现象有关，例如商业的开间与分布问题，产业的多元化问题等。技术层面的不足主要涉及微观、中观层面的现象。

本次评价将以专业知识为基础，充分结合在映秀实地访谈获得的信息，通过动态与静态相结合的方式对规划提出的六个分目标（生态宜居示范、产业持续示范、纪念体系示范、安全体系示范、建筑形态示范与重建进程示范）进行多角度、多层次的评价。评价关注的内容涉及：映秀重建规划在城镇发展过程中发挥了什么作用，成功点是什么？规划实施纪念以后，当前表现出哪些问题，原因是什么，规划编制时期为什么没有考虑到？重建规划在哪些方面能发挥作用而未充分发挥，如何才能更好发挥，这些作用的发挥对规划系统提出怎样的要求？映秀重建规划的实施结果对社会发展以及城镇发展目标的实现做出哪些贡献？

图 4-14　通向地震纪念地的山路（摄于 2014 年 2 月）

图 4-15　一路上不断传达的信念（摄于 2014 年 2 月）

1．对"生态宜居示范"的评价

通过街巷系统（镇区内外交通、公共空间）、建筑风貌分区、绿化景观等方面打造，映秀已经展现出温情小镇的形象。镇区环境优美、空间尺度适宜、通透性强、交通便捷。

自然景观方面，依托"三山争秀、二水汇流"的自然生态环境，镇区在视觉上充分利用周围山体和穿城水系作为映秀镇整体绿化骨架，结合山脊绿带、山谷绿带、滨河绿带构建绿色走廊，将城市外围的自然森林引入城市。生态上的恢复让人在映秀镇区内放眼望去四面山体郁郁葱葱。

商业方面，镇区内民众大都以经营楼下门店或者移动式销售车为生，基本生活得到保障。年就业率接近90%。经济实力较好的家庭在映秀以外买房，将安置房出租经营。旅游旺季镇区内主要街道人头攒动，熙熙攘攘。旅游业发展与就业上基本实现规划目标。

镇区内除学校以外基本不见围墙，街道尺度比较适宜。镇区内交通可选择路径多，视野上通透性强，穿过街巷可见四周青山。镇区内基本无机动车通过，公共空间环境宜人。

就生态宜居的目标来看，映秀镇当前的情况已经基本达到规划提出的各项目标。然而在访谈与实地调查中我们发现，重建完成后几年内社会经济发展演变引发了一些规划没有考虑到的问题。这些问题主要涉及居民就业、生活方式转变、镇区商业、舒适度几方面。这些问题的产生源头在于规划，但"发酵"于规划实施以及完成以后的阶段，是规划与复杂的实际情况共同作用的结果。

1）就业与生活方式层面

灾后重建规模大，质量高。灾区基础设施在当时国内先进理念的直接指引下全面升级，实现了10年甚至20年的跨越式发展。毫无疑问这是带来"正能量"的过程。但是事物往往具有两面性，追求"完美"的重建在当前映秀的经济发展水平下似乎引发了"预支未来"，"高于现实"的问题。笔者认为这是规划设计中对重建水准"度"的把握略微过高的结果，但又无可厚非，只能说本次重建规划充分而全面。

问题主要表现在若干方面。当地居民几次提到震后找工作比震前困难的情况：一是震前岷江，渔子溪每年提供大量砂石挖掘和销售的机会；二是汶川县内城镇建设能够提供大量建筑行业的工作。震前一个家庭内部，女方在家种田、照顾小孩，男方在外务工，生活比较宽裕。隐藏在高水准灾后重建背后的负面效应就在这些方面体现：重建一定程度上预支了灾区未来10年或更久的城镇建设任务，重建完成后区域内建设需求显著下降，导致区内建筑行业的工作比较难找；整治后的渔子溪禁止砂石开采，砂石行业消失；其次，当地人放弃耕地开始城市生活后，女方几年来面临无地可种，在家闲的情况，只有男方在外做零工养家，缺乏稳定收入。

同济规划院了解到，震前映秀外出打工的人员主要集中在汶川县，附近的都江堰以及成都都少有人前去。震后，这种就近工作的情结更加强烈。受访者说原因是地震过后大家都希望多与家人在一起，不愿离开家乡太远。这种心理需求是比较出乎我们意料的，它进一步加剧了当地的就业竞争。

另外，映秀镇是成都到达卧龙和九寨沟的必经之地，震前的交通区位优势为映秀镇带来了中途休息的旅客，带动了农家乐等为主的旅游服务业的发展。同时当地群众利用这里的交通枢纽地位，发展交通运输业，为其经济发展提供了条件。而震后周边高速公路修建完善，通往各旅游景点时间缩短，"隧道效应"显现：

图 4-16　商业休闲空间（摄于 2013 年 4 月）

大量旅游车辆直接通过映秀，停留量大大减少。

整体来看，灾后重建的全面和规范导致了当地传统就业渠道的减少；由于从农村的生活方式迅速转化为城镇生活方式，当地人的技能以及当地产业在短期内没有充分适应这种剧变，稳定就业的问题比较突出。然而重建本身又是无可厚非的，这是国家责任和全社会爱心的集中体现，是我国一方有难八方支援的文化传统。这是比较典型的规划行为多面性的体现，也反映出规划中对"弹性"的设计的重要性：每一个规划行为都应该为后续的发展变化预留自由发展的空间，以免"过度僵硬"。另外，规划中面对的矛盾很多是无法化解的，只能寻求最佳平衡点。很多矛盾也超出了规划能够解决的范围，例如映秀民众对城镇生活方式的不适应。一些震前以种地为生的居民震后在心理上都还没有完全将自己认定为城镇居民，也不清楚在城市环境中如何求得发展。

上述发现的问题都是比较复杂的规划衍生现象。传统的规划只负责前期"蓝图式"的规划文件的编制，规划师没有全过程参与到规划的编制以及后期的实施当中，无法对这些问题进行追踪式的研究和改进。应该说发现这些后续衍生问题是映秀全过程规划方式的重要成果，为我们今后的工作积累了不少经验。

2）小镇舒适度层面

对居民的访谈中笔者多次请受访者对老镇与新镇进行对比，更喜欢哪个。受访者的回答同样引发许多思考。受访者无一例外对新镇的环境质量表示赞同，都认为新镇的环境更好了，他们很满意。就这点而言，规划提出的建设小镇风貌与环境的目标是达到了。然而谈到功能时，大多数受访者更偏向于老镇。认为老镇的结构更加清晰，镇区功能分布清晰，空间上疏密有度。老镇的商业主要聚集在一条主干道上，

居住也比较集中，他们认为这种结构生活更为方便。而新镇商业与道路都比较分散，移动式摊点摆设的位置也经常变动，生活上不够方面，道路比较零散。

同济规划院尝试通过专业的角度来理解他们的观点。首先，居民们提到的老镇"结构清晰"，"功能分布清晰"实际上是他们充分适应了这种空间结构后的感受；其次，老映秀镇的空间结构形成于相对自然的发展过程，空间形态的多元化程度较高；再次，映秀采取了户户有商业的策略，并以旅游业为产业支柱，商家数量自然较震前大幅增加，竞争加剧，空间聚集程度降低，这是新映秀的新格局；最后，映秀仍处于迅速发展演变时期，居民还没有充分适应新映秀的环境。然而他们的意见中隐含了某些规划上的问题。

成熟的城镇在空间上应该疏密有度，富有变化，这种疏密有度也是城镇长期发展演变的自然结果。因为人的生活与经济活动对空间的要求原本就很多元：日常生活需要小尺度，宽大的尺度适合交通主干道，商业聚集区需要富有变化的空间等等。而映秀的空间结构和道路体系在形态有富有变化，但空间尺度上相对比较均匀：除了镇区中部地段的纪念馆，医院，学校，综合服务楼区域的其他地区，空间尺度基本一致，缺乏变化。这是民众能够感受到的。这种感觉可以从"生活不够方便"以及"道路比较零散"的表达中看出来。

受到规划编制时间特别紧迫的影响（一周不到），作为规划者对映秀空间形态的设计确有不足。丰富多变的空间形态需要较长时间去精心揣摩和打造。

3）镇区商业层面

商业上适度的聚集与分散是成熟小镇的特征，应当二者皆有，合理搭配。这同样是长期

图 4-17 富有民族风情的露天休憩空间（摄于 2013 年 4 月）

演变的结果，城镇中会自然出现一些商业聚集的地段。但建成不久的映秀商业上分散的情况比较突出，镇区内游客的实际流动与分布情况是集中在一些街道和区域，并不能支撑区内各处商业的基本经营。这导致映秀镇内的商业近年来开始进行一定程度的自由聚集与分散：临街地段商业明显好于背街地段，多数背街地段少有游客光顾，一层商业用房部分空置。这是户户有商业的反面效应，也是规划行为两面性的体现。其次，映秀的商业具有以停车场和地震公园为起点，从起点开始往镇区内部走逐步冷清化的特征。从停车场出来面对的大道就像是映秀商业的嘴巴和喉咙，旺季游客如织。而到了渔子溪对岸的村庄，商家普遍反映经营情况远逊于对岸邻村。例如该处的旅店价格在80元左右一晚，而北边仅几百米开外的邻村旅店价格在140元左右一晚。商店的质量，安置房的使用率同样具有从西北部入口到南部终端逐步下降的趋势。

面积不大的映秀镇区内出现较大的市场需求差异，体现出的是游客流动的结构性失衡。这一失衡与映秀镇主要入口位置，交通环线的缺失以及停车场位置的设置有关，是多种因素汇集造成的。这种设计在当时已经平衡了各种矛盾，是较优的方案。上述暴露的问题实际包含了很多空间结构上的"隐藏问题"，我们在短短几天的规划编制期内没有充分预估到。镇区交通没有形成环线也是游客流动失衡的主要原因之一。原因在于因遗址保护的需要，渔子溪二桥未按原规划实施，造成岷江和渔子溪交汇处中滩堡区域的用地交通可达性不足，无法形成交通环线。该处成为人行交通较少达到的区域，不利于该片区的商业经营和旅游发展。

问题的解决需要时间，映秀的商业分布将在市场与镇区结构的共同作用下逐步调节，而政府制定的新一轮发展策略，比如映秀"东村

规划"也将为映秀镇区的发展演变带来新的契机。新的步行桥梁的建设项目也在进行当中。这种规划实施后期的城镇演变是城镇自然生长的必然过程。

但让人欣慰的是，受访民众对映秀重建的整体效果和当前生活质量是满意的，特别是对国家和社会给他们的帮助给予了充分的肯定。多个受访者都表示，这种感动延续至今。映秀民众的心态已经恢复平静，他们当前主要考虑如何增加收入以提高生活质量，与五年前的地震时期已经发生了转换。重建完成至今，映秀的人口始终处于缓慢恢复的过程中。2012年映秀镇迁出人口21人，迁入人口44人，暂住人口52人。人口增长是城镇扩张与发展的重要标志。

2. 对"产业持续示范"目标的评价

映秀的旅游业在灾后重建完成后经历了爆发式的增长。2012年，映秀游客接待量达到380万，旅游综合收入达到2 600万。旅游业的发展基本实现了规划确定的短期目标，当地人的就业与生活基本得到保障。工业上，映秀电厂恢复正常运行，新建的映秀铝厂也开始运行，为当地人提供了一些就业机会。2012年，集体经济收入达到3 346.6万元，超过规划设定的2 900万元目标。其次，映秀的产业结构实现跨越式转型，三次产业比重由震前的22∶34∶44（2006年）转变为2012年的26∶2∶72。映秀的产业在震后实现了比较平稳的发展过渡，在数量与质量上满足当前基本民众生活与发展基本需求。

1）本地消费与外来消费

映秀震前拥有三大电厂以及制药厂，拉丝厂等工业企业，企业员工与家属数千人均在映

图 4-18 良好的生活环境是人口增长和小镇发展的基础（摄于 2012 年 11 月）

秀居住。特别是水电产业的发展使映秀镇镇区成为水电产业配套服务基地。地震前映秀镇区有映电集团、华能太平驿以及福堂等电厂生活服务区，居住了 1 000 ~ 2 000 名员工家及家属，由于电厂的工资水平较高，为映秀镇带来消费力较高的人群，他们的收入大都通过映秀本地商业消化，对本地经济起到拉动作用。重建规划编制期间，由于用地限制、政策引导、防灾减灾、交通改善等复杂情况的影响，几大企业的员工与家属都迁至都江堰(电厂仍然在映秀)，个别企业也迁至别处，对映秀的消费与就业造成一定冲击。这种影响从民众的访谈中有所体现，主要表现在以下几个方面：商家反映震后经营情况与震前相比并无明显改善，个别商家表示甚至不如震前。他们认为原因在于企业员工的搬迁，以及地震导致的数千人口减少。总人口的减少导致了本地消费的下降。而映秀电厂对固定员工素质有较高要求，本地人只能在相关企业做短期零工，收入不高。渔子溪受访居民希望映秀能够加快引入上规模的工业、企业，并提出希望每户家庭至少有一人在当地企业有固定工作。

2) 消费陡增后下滑

据多名商家反映，映秀建成前两年，镇区旅游爆炸性发展，经营比较顺利。但是 2013 年与前两年同期相比，游客数量有比较明显的下降。不少商家对未来旅游业的发展持相对悲观的态度，认为映秀没有回头客，游客大多为主要旅游线路上的匆匆过客，看一看映秀就走。例如 2012 年映秀游客数虽已达到 380 万，旅游综合收入达 2 600 万，但人均消费仅 6.8 元(映秀县政府资料)，过夜率不高，对当地消费拉动不够强。旅游的季节性差异和年均差异也使当地商家收入不够稳定，全年旺季在 5 个月左右，淡季期间部分商家须停业修整。不少商家

认为今后映秀"重建"元素的热度过去之后，游客会持续减少。从规划师的角度来看，映秀旅游业面临旅游产品单一的问题：旅游方式以地震观光为主，旅游休闲产品明显不足。

从民众提出的问题中可以发现一些规律和问题。一是规划在基础设施建上目标的实现相对容易，映秀的完成率很高。然而社会与经济目标的实现比较困难，二者牵扯到众多因素，"连锁反应"持久，"衍生现象"众多，规划初期难以全面预估这类复杂的演变。就映秀而言，当前形势反映出映秀旅游资源有限，长期单独以旅游作为产业支柱比较困难。在目前消费水平下，"户户有商业"并不能带来足够高的社会生产率，该地区下一步的发展需引入工业、企业和其他规模型产业（例如现代农业），映秀才能具有长远发展动力。二是目前商家看到的情况并不全面，就旅游而言，映秀政府已经组织编制后续的旅游发展规划。例如：《阿坝州"映秀东村"主题文化产业园总体规划》，指导映秀镇的旅游产业发展。该规划引入民俗文化、非物质文化遗产文化的展示体验区，再结合映秀镇的农业基础，发展农耕文化、休闲农业，以转型升级提升旅游产业形态，构建良好的休闲度假资源和环境，增加映秀镇的旅游竞争力。因而旅游业的发展走向还有待进一步观察。

3) 当地民众自主发展意识与能力不足

从政府反映的情况以及民众的访谈中我们了解到，映秀经济发展目前完全由政府主导，民间发展动力明显不足。从一个数据可以看出问题：2012 年映秀集体经济收入 3 346.6 万元，而个体经济收入仅为 0.7 万元（政府提供的数据明显有误），集体经济产值远高于个体经济。据映秀县政府人员介绍，灾后重建的全面到位，社会爱心的大力帮扶一定程度上让当地老百姓

图 4-19　当地居民普遍采用上住下店的形式（摄于 2012 年 11 月）

图 4-20　映秀的电影院（摄于 2013 年 4 月）

形成了对政府的依赖，自主发展意识不强，事事找政府。另一方面，从访谈中我们了解到，当地居民大多对现状总体满意，有更大的求变意愿，同时也因资金技能缺乏而没有创业致富能力。经过两年多爆发式的发展，映秀的经济进入阶段性调整期，更大的发展需要在基础设施（例如商业开间的增大）以及产业规模上有所突破。因而，一些具有发展意识的商家由于现状条件的限制，也无法实现更大的发展，只能以维持的态度经营。

从宏观角度理解，映秀震后物质空间（基础骨架）发生了剧变，而社会与人（以骨架为基础的血肉）尚未充分与新的物质空间充分契合；物质空间可以快速打造，但社会、经济与人的系统需要更长时间演变与适应。民众反应的问题说明震后五年的映秀目前仍然处于由重建的初始阶段向中期阶段过渡的阵痛期。

4）大规模规划重建后表现出的阶段性发展现象

根据汶川大规模灾后重建各地表现出的情况（特别是映秀），我们已经意识到一种可能的现象：比较成功的大规模规划重建完成以后，短期内很可能会出现一个人员活动与经济活动的小高峰：居民集体入住、外来人员前来参观学习、商铺进驻、房屋初期改造等。这一小高峰或者"涌浪"持续时间应当在五年以内，这是一种恢复性的，井喷式的发展，初期的规划设计一般能够满足这种"兴奋期"的发展需求。新映秀建成后的两三年，前来映秀的旅游人数出现了井喷式增长，各种商铺进驻映秀，小镇经济迅速恢复。

然而城镇将逐渐向更加成熟的阶段发展过渡期间出现的问题将让这一发展的小高峰消失，社会经济的发展速度会有一定下降，甚至出现发展的低谷。映秀商家反映的今年游客人数下降，生意更难做的情况很可能是小高峰结束，镇区发展进入调整期的信号。这些问题一般为中期性问题，短期无法解决。例如：保证就业可持续的挑战，土地利用问题，产业升级与多元化的问题，人员素质提高的需要，城市进一步改造的需要等。过渡时期很可能会持续五到十年左右，是初期阶段发展的结果与中期发展阶段的需求衔接不力的结果。这一阶段需要有新的发展规划作为支撑，政府与市场要充分配合，将城镇发展向成熟阶段推进。该过程保障的好，城镇发展将更加顺畅地度过这一阶段，"萧条期"的出现会延后，或者效果将减弱，甚至不出现。当然，成熟期过后城镇将进入新的"提升发展阶段"，该阶段对城镇的创新性发展能力提出更高要求，不是当前映秀案例讨论的范畴。

图 4-21　中心镇区的重点纪念地（摄于 2013 年 4 月）

映秀在产业上的相对单一，缺乏其他支撑工业的情况也是小高峰之后表现出的问题：旅游的开发在短期内已经饱和，小镇的经济发展需要有更加稳定的工业企业来进一步支撑。当然，映秀人员素质的不足也是映秀产业持续发展的障碍。

重建规划的编制需要全面考虑到第一阶段的问题，但同时也要考虑到城镇向成熟期过渡时期的各种需要或者变数，为城镇发展预留冗余空间，降低遗留问题出现的可能。映秀的重建规划着眼长远，力图实现幸福人居，产业持续等目标。但是我们也要承认，中国近代史上这类迅速而大规模的规划重建没有先例可循，在规划编制之初对很多"度"的把握不够得当，对后续情况的演变估计不足。包括：现有旅游资源对旅游业发展的支撑将在多少年内达到阶段性极限；当地民众的素质能够对本地经济的发展起到多大的推动作用，是否能够协助规划目标的实现；基础设施是否满足灾后五到十年经济发展的需求等。

5）旅游发展新策略

针对当前映秀旅游业发展后劲不足，旅游产品单一，游客数量阶段性回落等问题，映秀县政府已经制定了一系列推动旅游业进一步发展的策略。

一是加快编制映秀镇旅游总体规划和景区景点规划，构建完整的旅游体系，以提升映秀旅游业的整体吸引力和竞争力。适时启动编制各景区景点规划，开发更完善的旅游线路，目前已编制完成了《阿坝州"映秀东村"主题文化产业园总体规划》。二是加强旅游产品的品牌建设，实施旅游精品工程，实现旅游资源的深度开发。据此重点建设汶川"5·12"地震抗震纪念馆、地震遗址纪念园、地震震中遗址等一级景点，支撑和带动旅游业的整体发展。

三是加强旅游产品精神层面延伸，突出科学发展与和谐共生主旋律。注重延伸旅游产品价值，通过地震科普知识，展现城镇科学发展的内涵。四是培育健全的旅游供给体系。优化旅游要素结构，对行、购、娱等薄弱环节实施重点扶持。将城镇重建与旅游设施建设相结合，使旅游业能得到优先发展，并促进城镇进一步更新提升。五是加强旅游宣传促销力度，周边知名景点联动发展。强化"大旅游"观念的宣传，取得全社会、各行业、各部门的支持和参与，与周边知名景区景点联合进行各种渠道、各种场合、各种机会宣传活动。以政府部门为核心，融合旅游企业和文体等部门，对外进行整体营销，形成营销合力，大力发展"注意力经济"和"体验经济"。

《阿坝藏族羌族自治州城镇体系规划》（2012-2030）也将映秀镇列为重点发展城镇，与松潘、小金、红原、米亚罗、卧龙等县城平级，发展的产业主要以发展藏羌民俗和宗教文化旅游、绿色农产品样子和加工、商贸物流为主。

新的发展规划具有全面性，系统性的特点。新规划从多个角度入手推进映秀下一阶段发展，协助映秀从初期发展阶段向中期发展阶段过渡。新策略的实施效果优劣与否还需经过市场的检验。

3. 对"纪念体系示范"目标的评价

纪念体系目前分为镇域纪念体系和镇区纪念体系。镇域纪念体系对镇域内除中心镇区外的重点纪念地进行了系统规划。镇区外的纪念组团包括震中纪念组团，体现大自然雄奇力量的地震震中石和堰塞湖等震后奇观。老虎嘴纪念组团，体现地震中岷江改道遗址、滑坡崩塌山体遗址。镇区纪念组团，更是细分为中滩堡遗址公园、渔子溪上坪地震纪念馆、地震遇难

图 4-22　保留下来的水井（摄于 2013 年 4 月）

图 4-23　映秀镇反映生产劳动的公共雕塑（摄于 2014 年 2 月）

者公墓、河口纪念广场、牛眠沟震源广场四个重要纪念节点。二台山地震断裂带、枫香树村遗址公园、漩口中学遗址、天崩石广场等四个纪念节点，以中滩堡大道、莞秀路、映秀大道、岷江西路和张渔路等道路作为纪念路径，串联各个纪念节点。纪念体系层次分明，体系健全。

成功点简析：

映秀在重建模式，建筑形态方面实现了创新。这两方面的成功具有一定普遍意义，其他城镇可以借鉴。但纪念教育功能是映秀比较独特的城镇功能，我们认为规划在这方面的创新以及度的把握是比较成功的。这种"度"的把握体现在遗址的数量、可见度、纪念馆风格等方面。就当前情况来看，地震纪念和教育已基本成为映秀独特的文化标牌之一。

遗址保护是规划编制时期争论最大的主题，争论甚至延续至今。多数人希望尽可能多的保留地震遗址。经过不断的坚持和说服，这种"道德绑架"才被逐步打破。纪念体系"度"的把握体现在多方面：规模最大的漩口中学遗址最后采用了半透式的展示方式，位于小镇中心位置，并被植物覆盖的围栏包围。既能够隐约看到废墟，又不至于造成过度的视觉冲击，并且融入了没有围墙的小镇；主要的遗址仅保留了两处，漩口中学以及映秀小学的操场，其他十多处遗址构成的纪念体系悄然融入了小镇，如果不专门指出是很难察觉的；而何镜堂大师的纪念馆采用了低调的灰色里面以及融入环境的形态设计……

映秀的纪念功能今天看来没有喧宾夺主，而是"躲在"映秀温情小镇形象背后，积极为映秀的经济发展和震后映秀文化的形成做贡献和加分。如果映秀被建成墓园式，纪念碑式的小镇，无论当地人还是旅游者感受到的可能不是积极向上和乐观的氛围，而是被悲情和可怕地震的意象笼罩的小镇。映秀现今的情况让我们深刻感受到：温情的小镇应处处洋溢幸福美好生活的气息，而墓园代表的是悲情与灾难，和温情小镇是相互排斥的矛盾的意象。后者应该作为一种温情小镇的反向衬托，通过积极的角度与渠道去引导后人。这就是映秀抗震教育纪念园地的功能所在：让人们在爱心与战胜灾难的决心支撑下，踩着灾难展望美好未来。这种科学的取舍是规划的理性之所在。

1）民众心理的恢复

在访谈中笔者多次提到纪念体系以及心理状态的恢复问题，受访者的回答是很一致。一是已经走出地震的阴影，过去的事就让它过去，震后出生的一批新生儿也已经两三岁；二是纪念体系并不影响日常生活，除了清明、春节期间对逝者的祭奠，当地民众平时并不关注这些遗址。我们认为这是比较好的状态，遗址吸引游客却不影响当地人的心理与生活。除了心理上的融入，融入还表现在视觉上的柔和以及主要遗址数量上的有限，没有形成镇区内遗址的块状分割状态等方面。规划的初衷正是希望地震的遗产在映秀的发展演变中逐渐淡出，遗址逐步破败，甚至逐步消失，留下的仅是淡淡的记忆。社会的主题永远是发展与创造美好生活，这两点才能够永远持续下去，伤痛应该被淡忘。

2）教育功能目标尚未充分实现

然而就当前情况而言，规划提出的抗震技术教育的功能实现不够充分。抗震技术展示点在吸引游客，教育当地民众，形成紧密联系的展示体系等目标上没有完全达到。究其原因，这一展示体系在设计上存在一些不足：一是展示点数量相对不足，在映秀镇的分布很零散，游客遇到展示点的频率太低，造成各点之间连接性较差；二是这些展示点的专业性很强包括标牌上的专业介绍，涉及力学、材料、结构等

图 4-24 抗震教育示范基地（摄于 2012 年 11 月）

图 4-25 对建筑高度、形式和体量的控制（摄于 2010 年 9 月）

众多专业知识。在没有讲解的情况下普通游客难以充分理解，直接将这些结构视为一种雕塑，而当地人早已习惯，以至忽视它们的存在；三是由于展示点无法为导游带来收入，导游对相关情况的介绍很少。因而，这些展示点往往成为过眼云烟，教育功能与社会影响力有限。标识系统不够健全也是游客难以找到其他展示点的原因。

基础设施的建设为映秀创造了物质财富；地震纪念、教育、大爱、重生等元素是规划赋予映秀最大的非物质财富。纪念功能 这充分证明当初规划者对纪念功能度的把握是得当的。

4．对"建筑形态示范"目标的评价

目前中心镇区内部交通干线已构成镇区内部交通网络。规划着力营造特色鲜明的社区式居住环境，营造小镇风情，打造尺度宜人的街巷系统。

建筑上，同济规划院根据各片区功能性质和自然景观特质，划分不同建筑分区。建筑高度控制考虑了景观需求，力图打造整体有序、富于变化的形态。沿河道、山体的居住型建筑为低层区，高度控制为 12 米。镇区公共中心建筑，高度控制为 20 米。其余地区商业建筑高度控制为 15 米，公寓式居住建筑高度控制为 18 米。

依山建筑高度和体量控制考虑从周边山体俯瞰时的城市空间形象，建筑高度、体量相对统一，以低层为主，保持传统空间尺度。依山建筑依山势而建，其高度和体量以保护山脊线为原则。建筑以低层为主，除重要建筑外，一般建筑体量不大。建筑轮廓力争与山体轮廓线相呼应，形成平衡和谐的美感。

滨水建筑高度和体量有一定秩序，考虑河道空间视线通道对景观的需要，整体上采用了"前低后高、前疏后密、高低错落、疏密有致"的布局原则。设计上避免了大体量板式建筑平行河道布置；考虑人们亲水和观水的需要，设置亲水平台。

滨江居住区主要指岷江北岸和西岸的两个居住功能区，在片区风貌上以川西民居建筑风格为主体，辅以羌、藏民族风格元素或符号。滨水商住风貌片区为渔子溪两岸的商住功能混合区，以川西风格为主体，营造富有民俗和地域特色的商业氛围。山地居住风貌片区为二台山脚下居住区，风貌上宜以羌族风貌为主，结合地形设计打造风味浓郁，极富个性的山地羌寨住区。公共建筑片区以现代建筑风貌为主，以传统元素点缀，营造人性化空间尺度，体现新映秀的镇区面貌和特色。

规划师对城镇空间与功能的感受比普通民众更强，但民众在街区中长期生活，点点滴滴细节的积累仍然会让他们逐步感受到城镇在空间与功能上的利弊。结合专业观点，进一步分析访谈中居民提高的映秀生活"不够方便"、"街道分散"和"商业分散"等感受。我们认为映秀镇区在建筑与空间排布上的不足可以从三个方面来阐述。

1）街巷空间比较通透，缺乏变化

映秀镇的道路和空间设计主要基于四方面考虑：小镇尺度，增加多路径选择丰富空间变换，防灾减灾疏散通道需求，遵循国内较为普遍的排布方式。但较长时间处于这种均匀一致、八方通畅、缺乏视觉阻碍的街巷空间会让人隐

图 4-26　抗震减灾国际学术交流中心与自然山体的关系（摄于 2013 年 4 月）

图 4-27　四通八达的小镇街巷（摄于 2013 年 4 月）

约感到一丝不适。在映秀周游一番会发现镇区大部分地区缺乏一种被小尺度、小空间保护和遮蔽的感觉，四处无依靠，空间形态变化不足。特别是渔子溪村山坡正对面区域的街巷，这种无依靠感，八方通透感比较明显，空间比较零碎，缺乏层次。

小镇街巷可以四通八达但不能无依无靠，四面通透。无论国外还是国内，自然生长具有一定历史沉淀的小镇，空间上都非常富有变化：既有曲径通幽，瓦屋掩映的地方，又有开阔通透之地。这类小镇街巷布局的随机性很强，地中海小镇的街巷甚至具有混乱的特点，一些窄巷只能允许一人通过。拥有一些地形的地方，小镇的空间结构往往更加富有变化，难以捉摸。空间的丰富让当地人，特别是外人随时处在观察和探索未知空间形态的状态中，这是一种充实和愉悦的感受。映秀的空间结构具有"很理性"、"很标准"、"较均匀"的特征，在映秀镇区走两圈，就能够预知到其他区域的大致形态，新鲜感、探索感会减弱。空间的丰富和随机是游客特别喜欢在原生态小镇徒步旅游的原因之一。

映秀的街巷空间较有特色的区块有一处：位于映秀二台山山坡下的羌族风貌区块。该区块由一条"Y字形"弯曲主路串联，在坡地的配合下，建筑间的小巷穿插于主路之间，宽窄搭配（这是映秀镇区内街巷宽度差异最大的区块）；置身其中，顺着主路可以看见远处山峰，而左右被高低错落的建筑保护，既有通透感，又有遮蔽感；街区外延又被主要商业街道上另一风格的建筑遮掩，增加了层次感。该区块在空间上不失为一块比较成功的街区（但目前尚处于空置的状态），适合于打造为镇区比较高端的舒适型旅馆区。

另外，我们认为渔子溪北部镇区的空间形态要优于南部镇区。北区内由安置房构成的部分城市"小岛"体量明显大于南区"小岛"，公共空间更集中紧凑。特别是沿渔子溪旁的川西风格滨水风貌区，其半封闭式内置院落颇具特色，构成独特的利用空间；其建筑立面也显得比较大气。我们认为这排滨水建筑与前面提到的羌族风格建筑区一道，构成了映秀镇区建筑风貌和空间形态上设计最成功的区域。该区域的发展潜力很大。

对映秀空间形态问题的评价必须放在抗震救灾的大背景下进行。由于时间特别紧迫，我们仅有五天时间来完成映秀的总规。在此时间内，在复杂的舆论环境、物理环境、政治环境下，最大限度发挥了团队的创造性和团队人员的体能，汇集大家的经验，完成了总规。如果时间更充沛，街巷空间设计更加细致丰富，对映秀镇区来讲将会有锦上添花的效果。

2）立面纵深变化不够，区块分割

映秀的建筑设计采用了集群设计的模式，该模式在总体上增加了映秀建筑风貌的丰富程度，有一街一景的效果。然而多次重游映秀，审视映秀的建筑形态，我们发现映秀镇区内的建筑风貌在两个方面存在美中不足的问题。

首先，镇区的建筑虽然在立面上各有特色，但这种丰富大多仅限于平面上的差异，多数建筑具有的都是"一堵墙"式的立面，立面在纵深上变化不够。走在镇区街巷中，这种"高墙式"的，"一大块一大块"的立面在某些区域给人以微弱的压迫感，有"逼人"的感觉。"自然生长"形成的小镇在建筑立面上无论平面还是纵深上都富有变化。在这种街巷中漫步，变化的立面形态从眼前一一经过：一层时不时突出来的自建小屋，或内凹的小院；二层的小平台搭配侧旁内收一截的阁楼，抑或屋顶的阳光房，纵深上错落有致；街道两侧有一层平房，二层三层小洋楼，或者四层小公寓；有的房屋

图 4-28　建筑对映秀风貌的塑造（摄于 2014 年 2 月）

瓦屋顶突出，有的没有；整条街上找不到任何两幢立面完全相同的房屋，少有明显规律可循。这是笔者在上海老西门几条老街上看到的却非常具有生活气息的景象，也是笔者在欧洲一些古镇上看到的景象。相较于此，映秀镇区空区块的安置房体量上相同，高度一致，立面上至少在同一区块的一侧相同，而至多在整条街上都是相同的。

其次，集群设计导致镇区建筑立面存在区块分割的现象：街区之间立面的变化没有过渡，而是一片一片分割的状态。在一些交叉路口，游客可以同时看到四个甚至五个相互分离，截然不同的立面，隐约有置身建筑博览会的感觉。这种突兀的变化在浅色调建筑与深色调建筑相遇的地方尤为突出，在立面零碎复杂和立面简洁的建筑相遇之处尤为突出。站在渔子溪村山坡上俯视主镇区，区块分割的感觉也比较明显：一块一块高度一致的街区挤在一起，风格分明。

集群设计如果能做到多方设计、相互沟通、综合考虑、搭配布局，镇区的建筑风貌会更加自然柔和。然而这种更优的设计方式在管理上的难度将非常大，在特别短暂，各种矛盾汇集的设计和重建期内，完成集群设计并保质保量完成重建任务已经是灾后重建"战役"的胜利，是一次创新性实践。建筑风貌上的不足是我们应该从这次创新性实践中汲取的经验。

另外，时间的流逝将逐步改变映秀镇的风貌。当前已经有很多商家根据市场和自身需求重新装修了建筑立面，这种变化正是城镇内源性的生长变化过程，是城镇活力的表现。立面统一、分割的情况会逐步改善。但是立面纵深的改造具有难度，短期内可能很难看到镇区建筑立面在空间纵深上的变化。

3）都江堰"壹街区"的显著改进

都江堰"壹街区"同样由同济规划院负责规划设计，但"壹街区"的设计晚于映秀，因而"壹街区"的设计在多方面都汲取了映秀的教训，特别是在风貌上有显著的提升。在风貌设计上壹街区采取了多样性与整体性相结合的方式。

多样性方面，规划特别注重多重尺度的街道空间和多样化的街道生活的营造。"壹街区"在规划控制层面设计了"点线组合"的沿街商住结构，即沿主街道带状的沿街商铺和街坊路街道转角商业点，形成不同尺度和特征的街道空间。同时，将所有的社区公共服务设施安排在街坊外侧，目的是引导居民的公共生活在街区的街道上发生，从而形成街道空间的活力。

首先，规划将市级的图书馆、文化馆、工人活动中心、妇女儿童活动中心和青少年活动中心、市民体育公园、文化休闲区等市级公共设施项目引入到区内，在街区中分散布局在不同的空间关键点，用公共开放空间和沿街商业串联成为一个公共活动网络，为营造城市活力创造了条件。

其次，"壹街区"的规划在空间结构中刻意通过路网走向的变化，形成形态和规模各有差异的三十多个街坊，即使有部分街坊因为位于空间主轴两侧在形态规模上相似，但也在建筑高度和沿街功能上有所不同。

整体性方面，规划着力防止简单的复制或"移植"，或者无序的组合。首先是设计了街区型结构，延伸城市肌理。根据都江堰老城区街坊的规模，规划加大了壹街区路网密度，形成9米和12米的街坊路网系统，从而将住宅街坊的用地规模控制在5 500平方米至15 000平方米之间，道路间距控制在70米至160米之间。同时规划按照围合型街坊的方式布局区内住宅，沿街布局底层商业，目的是希望延续具有都江堰自身特征的城市尺度和连续的街道空间，将"壹街区"营造为由系列小街坊组成的城市次中心街区。规划还尝试融合遗产、林盘和水体，形成延续具有地域特征的城市空间。在公共建筑造型与外观材料上对区内工业遗产的继承，在材质与造型上保留20世纪50年代的工业厂房的风格特征。同时，规划保留了基地中的部分林盘，并将这些林盘结合规划，布局转化为公园和街头绿地，意在唤起人们对基地原来的田园农庄的联想。

4）实现多样性与整体性结合的技术手段

"壹街区"的城市设计与规划的实施充分结合，开展了四个阶段的城市设计工作，在不同阶段中分别对应不同的重点，具有针对性与阶段性的特征。

（1）控规期间、建筑设计之前

该阶段的工作重点是解决项目建筑设计任务书的编制以及完成常规城市规划与建筑设计交接的技术工作。本阶段城市设计的重点是从建筑高度入手，通过对建筑布局与建筑退界的规定控制城市的尺度。"壹街区"以围合式布局的多层建筑构筑街区的界面和院落的空间，以高层和小高层建筑作为空间地标和地域识别

物，同时根据街道的宽度以及沿街建筑的高度确定不同的建筑退道路红线的距离。

（2）建筑设计过程中

从这一阶段起，规划团队受邀成为建造业主决策团体中的一员，讲解规划及城市设计的目标与要求，并指导建筑师开展设计工作。建筑设计初步方案形成后，规划团队对所有建筑设计方案进行审查，以保证建筑设计师未曾偏离"壹街区"的整体城市设计框架，并充分鼓励建筑师的个性创造。规划团队的工作不仅是规划文件的编制，工作的形式还包括参与、把控建筑师的工作。例如：根据城市设计对不同等级和性质的道路界面类型进行把握，构筑骑楼街、底商街、居住街等不同特征的连续性街道界面。

（3）建筑设计初步方案完成后，施工图开始之前

在这一阶段因为建筑造型和空间形态与尺度基本定型，因此，需要将所有建筑设计方案合成在基地上对景观进行整体性调整，同时也具备了对建筑周边的环境与景观，以及公共空间进行进一步的设计调整。期间开始编制"壹街区"景观规划，作为景观设计的依据。对所有的建筑色彩与外装材料进行统一调整，目的在于处理各建筑单体项目之间的差异性与整个地区整体性的关系。由规划师编制了建筑外立面规划设计，对所有建筑的外立面色彩和材料进行了统一调整。

（4）建筑及环境建造完成后

本阶段主要是处理建筑或者街道在功能实现过程中的商业界面管理问题，具体来说就是

店招广告的管理。"壹街区"纳入城市设计统一考虑的户外设施包括广告设施、招牌设施以及导视标牌，随着社区的逐渐完善，这一部分工作正在开展过程中，已经完成的工作包括标识标牌规划设计以及店招广告规划设计。

5）"壹街区"城市设计实施的组织方式——组合式设计

在前期充分进行设计的基础上，"壹街区"风貌多样性的目标希望在建筑设计的组织与实施环节中得到实现。我们为此设计了一种多元的组合式设计框架，通过不同的建筑师同时在城市设计的指导下，共同营造出整个街区物质空间的多样性。

例如，"壹街区"第一期工程共 15 个住宅街坊和 9 个公共建筑，每个项目分别安排一名建筑师进行设计。如果加上景观设计与道路桥梁、基础设施的设计团队，共有 20 支设计团队在规划师的全程指导下工作，这一过程包含了前文所提的四个阶段。

为了充分实现空间环境的多样性，在设计工作之前便对建筑师进行了分工，根据城市设计的空间结构，相似或相近布局肌理的街坊由同一建筑师设计，一个建筑师一般不超过 2 个街坊，且同一建筑师承担同一街道两侧对称性建筑的设计。

6）"壹街区"城市设计的关键要素

只有在整体性的基础上，我们才能发现多样性。保证这种效果的实现遵循了三个原则。

（1）空间的连续性

城市设计在建筑布局、街道界面、建筑高度以及建筑退界四个方面对建筑师的设计通过设计任务书提出了严格的规定。

控制建筑布局，形成沿街界面。

规划规定：住宅建筑沿街布置，沿街底层商铺，街道建筑界面连续延伸，整体形成沿街围合性的住宅街坊。同时规定公共建筑和高层建筑呈开放型布局，使连续的、附带底层商铺的住宅街道界面，与非连续的、附带公共开敞空间的高层及公共建筑界面一起，共同形成空间有变化的连续型街道空间特征。

控制建筑高度和退界，把握整体尺度。

规划规定：不同宽度街道两侧的建筑高度和退界不同，重要街道转角的建筑高度与退界与一般街道转角的建筑高度不同。从而控制街道空间的尺度，形成不同街道的空间识别性。

（2）环境的整体性

"壹街区"城市设计从人行道的铺装材质、铺装形式、材料色彩及其布局，行道树的树种及种植界面，路灯的形式与布局，城市公共标识系统以及店招广告的设置规定等几个方面入手，对街区的整体性进行统一控制。

（3）建筑色彩与材料的协调性

"壹街区"在城市设计中对公共建筑和住宅建筑分别按两个系列对其作了规定。"壹街区"的文化性公共建筑统一以红色清水砖贴面为基调，局部辅以清水混凝土墙面和玻璃幕墙，强化了"壹街区"作为都江堰文化型副中心的整体形象。另一方面，规划师与总建筑师共同确定了一个"壹街区"住宅建筑的色谱，作为设计任务的一部分交由建筑师进行设计，最终由规划师从街道景观和街区整体基调的角度对"壹街区"住宅建筑外立面的材料及颜色进行统一调整。

5．对"安全体系示范"目标的评价

映秀镇抗震设防烈度为8度，幼儿园学校为9度。建筑根据其使用功能的重要性分为甲、乙、丙、丁四个抗震设防类别。现已建成各类防灾公园、学校、医院、体育场、广场、停车场、防灾疏散干道等。这些设施相互沟通联系，在空间上联成网络，构成镇区避震疏散系统。由于规划强调映秀设施的复合度，这一比较庞杂的防灾减灾基础设施被成功布局于无形当中，尽可能减少对当地居民的日常生活的影响，特别是空间占地和心理方面。

针对不同公共建筑、不同民居风格和场地特征，以及道路、管线和其他设施的不同特征，抗震技术采用了不同技术手段。"新技术、新材料、新设备、新工艺"被广泛用于镇区建筑。例如：建筑隔震橡胶支座，耗能支撑；抗震砖混结构，抗震框架结构，钢框架结构，钢网架，轻钢门式钢架，低层木结构，低层轻钢结构等。目前，防灾减灾示范区的目标基本完成，展现出系统性强的特点，但同时表现出防灾减灾"软件"建设方面的不足以及对广域范围内灾害发生防范的不足。

1）防灾减灾体系系统性强

规划提出的防灾减灾六项原则将防灾减灾体系的各元素整合起来，形成系统。这种系统性体现在静态的空间布局上，也体现在系统发挥作用时的动态运行上。

避灾与防护相结合：避开易灾点，避不开的地点建设必要防护措施。这是一种在主动与被动之间灵活选择的防灾模式，提高了防灾措施的准确性和适应性，有利于防灾措施发挥更高的效能，并具有一定的前瞻性。

组团式用地：采用有利于防灾的组团式用地结构，形成较优的系统防灾环境。

防灾分区：根据功能分区和路网系统确定防灾分区，每个区域分别配备防灾避灾设施和物资。组团式用地与防灾分区提高了镇区整体在面对灾害时的生存能力。这种组团的分散和各防灾区域独立的防灾系统：一是为灾民提供了多个避灾地的选择；二是其中一些区域即使被完全毁坏，另外的组团也可以继续发挥防灾减灾的功能。

双通道冗余设计：防灾疏散道路系统至少保证两条防灾疏散通道。这种双保险设计提高了疏散系统在面对破坏性灾害时的可靠性。特别是不同等级的双保险疏散通道以及救援信道在形成网络以后大大增加了逃生和救援通道的可选择度，一处不通可以立即选择另外一条道路。

充分利用公共空间：将公园、学校操场、停车场等用作避灾人员疏散的重点场地。这种充分利用空间的方式一是实现了不同城市功能之间的有机融合，节约了土地，潜在提高了设施的利用率，二是使得居民能够在最短的时间内就近找到开敞的避难场所。

建设全面可靠的生命线体系：建设可靠的交通、通讯、水、电、气、医疗、消防等系统。这些系统是最基本的防灾体系支撑设施，上述几条策略的实现都直接或间接地依赖这些设施的运行。它们的完备性、耐久性、抗破坏性、易检修性和复合性是映秀镇具有较强防灾抗灾能力的重要保障。

2）防灾减灾"软件"不足

硬件是系统的物质基础，软件是系统运行的内在机制，系统的效能由硬件支撑但往往体现在软件上。"硬件"与"软件"相互配合才能最大限度发挥效能。映秀镇区防灾减灾系统硬件设施已经接近或达到发达国家水平，但"软件"方面与发达国相比还有较大差距。这些不足的方面包括：灾害监测预警系统、防灾应急指挥系统、设施后期管理运营模式、对民众的宣传教育、防灾减灾演练等。例如，应对不同级别的灾害有不同级别的应对措施；不同灾害的人员规避方式和地点不同；民众需要了解基本的应对不同灾害的不同方式；小镇的灾害监测预警系统与更大范围内相应系统的联网；对区域内历史上发生灾害的类型、强度、地点、频率的记录备案，定期检查设施情况等等。这些"软措施"对灾害应对的快速反应，应对措施的准确选择，人员疏散的高效有序至关重要。

首先，防灾减灾"软措施"的规划设计在中国已经超出城镇规划的范畴。映秀的规划和重建是规划师、政府、事业单位、企业、非政府组织多方合作，各方职能充分融合后实施的一项工程。工程实施过程中，参加重建的多方主体惊醒了高效的配合，在灾害治理，标准设定等方面进行了卓有成效的工作，为映秀防灾减灾体系的建立奠定了基础。实际上，多方合作的模式为实现超出传统城镇规划范畴工作搭建了平台，例如防灾减灾"软措施"的设计。但就这点而言，当初没有在规划中提出建设防灾减灾"软措施"的理念和措施，并与相关机构合作实施，这是重建规划防灾减灾部分的不足之处。

其次，这些缺陷并不是映秀的个案，省内甚至全国的防灾减灾"软系统"都多少存在一些不足。某些要求是地方市镇目前无法在短期内实现的。例如建立映秀镇灾害监测预警系统需要在更大范围内相关体系建立完善的前提下才能实现。但我们认为映秀目前在人员教育与培训、组织防灾减灾演练，制定不同灾害应对预案等方面仍大有文章可做。

3）防灾减灾的广域性考虑不足

地质灾害与水文气象灾害在山区往往相伴发生，甚至相互加强，影响波及的范围经常超出灾害发源地，特被是与水道相关的灾害：洪水的远距离传递，泥石流的近距中距离流动，山体塌方造成的堰塞湖威胁，河流改道，水库库区小规模海啸等灾害能够悄然而至，毁坏城镇，但发源地远在他处。依山傍水的城镇要特别提高对这类灾害的警戒，必须在更广的范围内进行监测预防。其中监测特别重要，而预防上要留出足够的防御空间，制定有效的人员疏散模式。发达国家比较先进的应对洪水、泥石流的措施甚至要考虑房屋的排布，街道的宽窄与地势因素对排水、泥石流阻挡的作用。基础设施的形态要避免水流，泥流向城镇人口密度最大，重要基础设施以及最脆弱的地段汇集，并且要便于洪水和泥石流的排泄。地势低，洪水容易汇集的地区要避免建设重要基础设施，避免人口过度聚集，保证良好地面渗透性；洪水，泥流容易进入的地段要增加阻拦或引流设施等。

2010年8月14日，受强降雨影响，映秀周边的地质隐患点受暴雨冲刷，都汶高速映秀段山体突发泥石流，岷江改道冲进映秀镇，岷江也因泥石流阻断形成堰塞湖，镇区受到地震次生灾害影响。大部分建成建筑经受住了洪水泥石流冲刷的考验，但映秀镇水厂受灾损毁。

这是防灾减灾广域性考虑不足的一次教训。当时应当对更广流域范围内的地质灾害隐患点进行排查治理，适当提高镇区基础设施防洪等级。当然，震后一段时间内地质不稳定也是造成这次灾害的客观原因之一。

目前映秀镇有计划治理的地质灾害隐患点有两处：一处为映秀老街后的危岩，治理的计划为对映秀老街后的危岩进行爆破清理；另一处为炸楠沟的不稳定边坡，治理的计划为采取构筑护坡的方式进行防护治理。该两处地质灾害治理尚未开始进行。

4.3.1 明确了打造抗震建筑示范区的规划目标，基本实现了规划目标

"映秀规划"明确提出映秀镇灾后重建规划的"典型性"与"示范性"目标，着力打造抗震建筑示范区，凸显羌、藏、汉多民族融合的地域特色，为其他灾后重建地区树立可持续发展的样板。在总体规划的指导下，中心镇区进行了《汶川县映秀镇中心镇区修建性详细规划》的编制，较好的指导了映秀镇的灾后重建建设，将城市建设和抗震减灾设施融为一体，镇区风貌凸显羌、藏、汉三个民族建筑特点。

4.3.2 明确了城镇性质

"映秀规划"明确了城镇性质：防灾减灾示范区；"5·12汶川大地震"的震中纪念地；旅游集镇。城镇性质的明确对映秀重建具有里程碑意义，在众多争论中找到了发展方向。在总规的指导下，进一步编制了《汶川县映秀镇中心镇区修建性详细规划》，详规对城镇性质进行了细化，由原定位的"旅游集镇"细化为"旅游温情小镇"。

4.3.3 映秀镇的规划得到很高程度的实施

1. 镇区总体结构按规划实施并已基本成型

映秀镇中心镇区已基本实现"一带、两轴、四组团"的空间结构。其中"一带"的地震纪念带，已实施了地震遗址公园、漩口中学纪念地、地震遇难者公墓、地震纪念馆等纪念设施。

两轴为沿岷江和渔子溪的两条城镇生活发展轴，也实现了带动城镇生活发展的功能，成为镇区内的主要发展轴线。四组团的镇区中心组团、渔子溪上坪纪念组团、枫香树发展备用地组团、岷江东教育组团已基本成型。各组团的功能和潜力还需进一步细化与挖掘。

2. 按总体规划较好的控制了城镇用地性质

"映秀规划"按规划较好地控制了城镇用地性质，特别是灾后重建项目严格遵守总体规划和修建性详细规划，控制了建设规模和建设内容；城镇的居住用地、公共设施、道路广场和绿地按照规划进行了实施。实施程度非常高，

实现了城镇风貌分区、街巷空间、视线通廊等城市设计控制，为创建优美的城镇环境产生积极的指导作用。

3．防灾减灾示范区的建设融入城镇建设之中

结合映秀镇情况，规划将镇区内公园、医院、体育场、广场、停车场和防灾疏散通道融入镇区其他功能，建成映秀镇区避震疏散场所系统。并将"新技术、新材料、新设备、新工艺"融入映秀镇的镇区建设中，结合抗震设施的展示系统，将防灾减灾示范与旅游融为一体，增加映秀镇体验游、教育游的内容。防灾减灾体系展现出一种"映秀模式"。

4．震后旅游得到一定的发展

基于地震遗址、小镇重生、羌藏文化民俗等元素，映秀旅游业的发展基本实现了规划提出的近期目标，成为当前映秀产业的主要支柱。映秀也初步成为融体验、教育为一体的川西北风情旅游小镇。旅游业在表现出中期发展动力

不足的情况下也出一定发展潜力。至 2012 年，映秀镇的旅游综合收入已达到 2 600 万元，年旅游人次达到 380 万人。

5．较好的指导了映秀镇创建"5·12 汶川大地震"震中纪念地的建设

映秀纪念体系的建设比较成功，映秀已然成为"5·12 汶川大地震"震中纪念地。纪念功能的基础已经比较牢固，初步形成映秀震后"纪念文化"。这是规划在映秀最大的创造之一。在"爱立方"等后续项目的推动下，纪念地功能还将有所发展，为映秀的文化符号增添精彩内容。

6．街巷系统的建立，体现了映秀旅游温情小镇的风情

映秀镇中心镇区通过镇区内部交通的管制，以及在居住区内部规划了体系完整、尺度宜人的巷道系统，在满足镇区内部交通的通达性要求之外，还利用建筑之间的空间形成半私密的居住区内部公共空间，为体现映秀镇当地

居民的民俗生活提供了场所，增加了镇区内部的公共空间和道路空间的趣味性。不同风貌分区之间的巷道系统，将中心镇区内的羌、藏、汉建筑风貌形成有效串联，增加游客在镇区内发现映秀生活、体验映秀生活的乐趣。

4.3.4 政府与非政府组织的配合对映秀镇的灾后重建和城镇发展起到了积极作用

截至 2012 年，映秀镇共有基层政府 1 个，企业组织 9 个，事业单位 12 个，社区组织机构 1 个。政府与非政府机构在映秀灾后重建过程中相互配合，对映秀镇完成重建起到决定性作用。过程中政府机构统筹协调、调配资源，发挥重建"指挥官"作用；事业单位按照其职能分工分担各类任务，减少政府压力，是政府的"左右手"；企业组织出人出力、捐资捐物、积极配合，是政府力量的补充；国内与国际非政府组织以及社会志愿者承担了心理疏导，管理分发物资，管理募集资金，开展震后基础教育，信息搜集与反馈等工作，起到了"润滑剂"、"黏合剂"的作用。灾后重建完成后，各企事业单位的重建角色发生相应转变，参与到映秀镇产业发展，群众增收致富的灾后恢复性发展进程中，为震后映秀镇的产业振兴贡献力量。

抗震救灾与重建过程中政府与非政府组织的通力配合有效刺激了社会各机构和组织能力的发挥与重组，特别是非政府机构的动员能力、组织能力、专业技能在救灾重建过程中得到极大的锻炼，积累了大量宝贵经验。社会的防灾减灾、灾难应急管理、救援重建等各方面能力得到很大提升，初步形成了一套有效的灾难预报与应对体系。这些有益经验在近期发生的"4·20"雅安芦山地震的灾后救援中已经展现效果。例如政府强力组织规范各路救援力量，及时进行交通管制，72 小时黄金救援期内保障生命通道的畅通，中小学生迁移上课，救援物资集中卸载集中发放，及时适量喷洒消毒剂等。

4.3.5 协助映秀完成了社会经济结构的剧烈但稳定的转型，没有出现大的混乱

受巨灾冲击的地区社会、经济、人心会发生剧变。在国外，受灾地区社会经济和人心的恢复过程比较漫长。映秀的规划重建在两年多时间内完成，期间各种矛盾与挑战汇集，推进难度很大。重建完成后映秀的产业构成，人员构成，城镇结构都发生了巨大变化。重建开始至今，映秀虽然在民众就业，产业持续发展等方面出现一些问题，但这一各方激烈博弈的重建过程中以及之后，没有出现大的社会动乱或者经济上的大幅波动，产业的恢复与转型平稳而迅速，民众心理恢复良好，自然生态恢复迅速。实现这种稳定的剧变是规划的最大成功之处。规划提出的"让尊重成为自觉"，"让相助成为阳光"，"救生与救心相结合"等理念是映秀规划与重建的重要经验，值得推广借鉴。规划目标较高的实现率也为映秀未来的发展奠定了坚实的基础。

4.3.6 总结与启示

总体上看，映秀的规划重建在技术层面上来说达到了灾后重建的各项标准，无论城镇基

本功能的设计、风貌抑或产业。小镇的设计严格依据了城镇规划的相关原理，将重建复兴、地震纪念教育、防灾减灾、旅游发展等几方面核心内容成功地融合在一起。对遗址的保护方式、防灾减灾体系与其他基础设施的融入、集群设计、温情小镇的概念等设计方式具有一定的原创性和可推广性。

从实施效果上看，规划制定的各项目标完成度在85%左右，完成度高。规划有效引导了映秀的重建，保障了重建的科学性。新的映秀镇实现了脱胎换骨式的重生，引起世界的瞩目，并经受住了重建期间自然灾害的考验。

从社会价值上判断，重建的过程创造性地进行了全过程规划的实践，将不同利益主体高效地统筹在一起，实施步骤上比较清晰合理，在管理机制上实现了创新。规划师的作用在该过程中得到充分发挥，提高了重建的效率；在实际效果上实现了规划技术文件的成功落地，实施度高，整体质量较高。公众参与在整个过程中被充分贯彻，社会公平性得到较好的保证。

五年后回顾整个规划虽然发现一些问题，但这些问题是在前所未有的重建规划实践过程中积累的宝贵经验，具有典型性和比较广泛的借鉴价值，为后续的改进发展提供了思路，让该规划成为一次"递进式"推进的规划。

当前反映出的问题有的是灾后重建的大背景造成的，是国内规划领域大环境造成的，是难以避免的；而有的问题是规划师、建筑师的人为因素造成，可以通过改进实现优化。

各种问题充分体现出了规划行为的多面性，影响的持续性。映秀规划重建总体上的巨大成功正是规划师以及政府、企业、非政府组织等多种社会力量通力协作的结果。规划涉及的领域远超普通规划，涵盖了经济、文化、管理和人的心理多方面内容。这种多领域合作的发散式规划模式是发达国家城镇规划的特点之一，是国内城镇规划可以借鉴的经验。这种模式可以大大减少因规划决策考虑不周而产生的"后遗症"，让规划决策更加细致到位、科学合理，更好地平衡各方利益；让规划得到更全面的实施，并且延长规划对城镇发展的正面效果。

规划与人心理需求的互动与配合在本次规划中体现得比较多，其中既有很多可圈可点之处，也有一些做得不够的地方。从映秀的案例可以看出，规划与人心理的互动值得规划界进一步研究。包括人的视觉感受，步行、乘坐交通工具移动时对城镇空间形态的感受；哪些色调风貌、空间形态、交通组织会给人带来愉悦感，哪些给人带来压抑感和不悦；规划如何满足民众短期、中期、长期的心理诉求，如何平衡心理诉求与其他矛盾，对人心理因素的考虑在规划中应占有多大比重等等问题都值得规划师进一步研究思考。

规划决策的牵扯面很广，规划目标的达成实为实现对社会大系统中大量矛盾因素的一种动态平衡，在平衡中实现提升发展。因而规划对"度"的把握尤其重要，"度"把握不得当会在社会系统中引发一系列不平衡，对城镇发展带来负面影响。把握规划的"度"要有大局意识，需要统筹考虑、多方合作。映秀重建规划在纪念体系上把握"度"的得当已经体现出许多正面效果。而户户有商业，户户开间相同的设计虽然有其合理之处，但商业在地段上的巨大差异，难以满足商业对开间新需求等问题已经表现出过度规划的嫌疑，其负面效果已经盖过正面效果。规划的适度性也是映秀重建规划引发的思考。

05

"城市是一个生长中的有机体，其发展动力既源于自身的惯性，

也来自外部的冲击，两种力量在时间上分别对应于成熟、

低速的平稳发展阶段和新兴、高速的结构转换阶段。规划不仅仅是对眼力可及的因素的应对，

更高境界是让"突如其来"的发展机遇能最迅速地在城市空间里找到自己的位置，

以最低的成本完成空间的切换并保证结构的完整。

要求城市的空间肌体是一种开放型的结构，具有可生长性、可选择性，

而非终极蓝图式的封闭结构。就像一座盆景，不管其哪一面朝向阳光，

总能花红叶绿的健康成长。"

——《市场经济中的城市规划》

5.1 规划机制

小城镇规划区别于城市规划，映秀规划又区别于一般的小城镇规划，在多年的规划实践基础上，再经过映秀规划的工作过程，我们深切地体会到应该有一套适用于小城镇发展的规划机制。通过对映秀规划建设的五年实践与评价，我们总结出一套"全过程、多角色、递进式"的规划机制，并希望这样的机制可以在城镇化的浪潮中对于小城镇建设有普遍的借鉴意义。

城镇涉及社会、经济、人、基础设施等多种元素，是复杂的系统。从规划师的思想到庞大城市实体的建成，其过程中涉及不计其数的环节与变数。环节之间的衔接，变数的控制与平衡，都需要做大量具有延续性和扎根一线的工作。规划编制与实施的复杂性在映秀重建的前前后后得到了充分体现，而规划编制与实施的机制是规划能否成功的关键因素。

1. 新规划机制的必要性

我国传统的规划侧重于规划文件的编制，规划师将几乎所有精力投入到设计文件的制作中，规划师的思想与理念更多地依赖设计文件传达给下一个工作环节的同事，特别是在城市建设中，由于高度分工，作为编制主体的规划师和作为实施主体的规划主管部门之间保持了较大距离，规划师没有在规划文件与具体实施

之间做太多衔接的工作。实施工作都由分工明确的专业部门和人才推进，各自对自己的环节进行把关，协调本层面的各方利益，最终保证规划制定和实施的科学性。

而小城镇与大城市有先天差异，本身并不具有完备精细的建设机制和畅通的沟通渠道。其规划建设机构由村镇建设管理机构和村镇建设企事业机构两种类型。小城镇本身的人才储备、装备水平、经济实力也不强，法治监督机制比较缺乏，导致小城镇的规划在编制和落地的过程中存在一定的模糊区域，降低了规划实施本身的绩效。因而小城镇需要与大城市不一样的设计思路与沟通机制。

映秀的重建规划又区别于一般的小城镇规划，具有一定特殊性。主要体现在这是肩负着特殊历史使命的规划，是废墟上原址重建的规划，既是短时间内必须实施建成的规划，也是修复社会和心灵创伤的规划，更是必须成为示范的规划。

一般说来，规划的编制有两种方式，一种是目标引导式的规划；一种是问题引导式的规划。前者类似于一种"终极蓝图"，需要提出目标，并设计实现目标的方式，安排实现目标的步骤，侧重中长期。例如国家的五年规划。这种目标式规划的编制和实施具有相对宏观、发展走向比较清楚、相关资源储备到位的特点，适用于规模较大，实施能力强的机构或政治经

济实体。例如国家、经济区或大城市。而问题引导式的规划着眼发现问题、解决困难，具有相对微观、植根于现实、渐进式推进、着眼近中期的特点。这种规划比较适用于中小规模城镇的发展。映秀的规划重建就更多采取了问题引导式的规划。

事实证明，问题引导式的规划方式与规划师的全过程参与，这两者相结合可以在小城镇规划建设中发挥显著的作用，特别是在规划落地、细节把控、协调矛盾、后续跟踪改进等方面具有传统"蓝图式"规划不可比拟的效果。针对这些经验以及在映秀得到的验证，我们提出小城镇规划应该是"全过程"的规划，规划师"多角色"参与的规划，以及"递进式"的规划。

2. "全过程、多角色、递进式"机制

1）全过程

"全过程规划"是指从规划编制到规划实施的一体化衔接，其着眼点在于弥合小城镇规划文件与落地实施之间的鸿沟，将各个环节串联起来，把控细节，抹平矛盾，有效控制各类变数。全过程规划的机制使得规划编制到规划实施过程中方案能够对问题进行合理的动态调整，保证了规划理念的原真性实施，也保障了城镇建设的科学性。

具体而言，规划师需要全面统筹规划方案，全面参与和管理城镇开发，甚至管理控制施工过程，以及后期的维护和改造。规划本身具有"指挥"的属性，指挥协调各种资源在时间和空间上的高效配置。全过程规划就为规划师提供了这一平台，规划师全过程的参与可以充分发挥他们理论和实践上的专业技能，提高规划的效率，有助于在较低成本的情况下改善小城镇规划建设可控度不高的现状。

同时全过程规划需要能够统筹人才、资源和信息的运行机制——"指挥部"。"映秀抗震救灾指挥部"由综合部、财务部、群众部、工程部、拆迁部、技术部组成，从规划的编制到落地的各环节的信息发布与反馈、技术研讨、矛盾的协调与平衡等需求都可以得到统一管理和调度。所以，全过程规划需要参与规划的多方一道成立类似于"映秀抗争救灾指挥部"的统一管理平台。

2）多角色

在"全过程"的机制中，规划师同时承担了传统规划设计者与管理者两个方面的职能，甚至在特定场合还承担了实施者的部分工作。作为设计者，规划师将全程负责小城镇的规划编制，把控协调建筑、环境、市政设施等方面的设计工作；作为管理者，规划师要参与乡镇发展定位、整体布局、规划思

路及实施措施的决策，对小城镇内的政府投资项目进行规划把关，审查乡镇建设项目，并对小城镇的重大工程施工进行技术把关和监督。最为重要的是，通过较长时间的跟踪管理，对小城镇按照规划实施的情况进行监督与评估，持续提出改进和提高小城镇建设的措施与建议。

"多角色参与"与"全过程规划"是紧密联系在一起，相辅相成的。"全过程"主要体现在规划师从规划编制到规划实施中多个角色间的转换：规划编制者、建设开发管理者、技术审查者、矛盾协调者、公众参与的推动者、后续评估者等。特别是技术的落实需要规划师参与到全过程中，拥有一定行政身份。例如这次笔者在指挥部中担任多种职务：总规划师和技术部副部长。总规划师使得我和我的团队可以以第三方的身份编织映秀规划，对规划实施及城镇建设给出专业意见，在某些专业问题上说服其他决策者。而技术部副部长这个行政身份则让我可以在某些和规划实施密切相关的问题上直接介入到建设过程中，直接控制规划实施和城镇建设最根本的环节。

值得强调的是，这些角色之间并不是全然割裂的。一人分饰多角的核心就在于促使规划师时常从不同角色来思考问题。绝不是决策的时候只是决策者的角色，而是决策时发动系统性思维，通过自己的经验知识，考虑这些决策在后期管理、实施中可能会有什么问题存在，或者目前的决策有没有为后续的完善留下空间。这就意味着，在小城镇建设创意决策、过程管理、后续维护和改进这整个过程中，规划师可以不断用不同角色来校核自己做的一系列决定。这样的机制科学合理，使得城建过程有机融合起来，一定程度上避免了城市决策过程中的非理性，协助规划本身发挥对城镇建设的保障作用。

3）递进式

"递进式规划"强调近中期的实施步骤，以规划为手段，针对城镇发展面临的问题提出清晰的解决途径和步骤。其特点在于首先确定一个主题定位，作为整个规划建设过程的思维主线生发开，不断进行挖掘，不断丰满化、清晰化，避免就事论事、随遇而安，陷入一般事务的纠缠中，而迷失了最初的目标，使规划思考过程不断深化。针对实现该主题定位所引发的相关问题，层层剖析，步步深入，始终保持一定的宏观高度来看待过程中的各类问题，理顺它们的解决顺序与取舍步骤。以映秀为例，则是碰到问题，皆以是否符合"温情小镇"这一主题，作为是非取舍判断之最终标准。其核心在于四个问题：①坚持标准；②分类判别；③递进评价；④逐步解决。"递进式"的意义在于在规划编制和实施的各个阶段，分类、分期"精确地"发挥规划师在各个层面的专业技能，将能力用在"刀刃"上。规划不会因为做得细致和全面就有效，能够切实解决问题的规划才是有效的，这对于小城镇来说尤其重要。

4）机制改革的实践意义

首先，避免对规划师的能力浪费。城市规划法自有体系，规划内容从大到小要求"面面俱到"，但这种全面细致在一定程度上是对规划师技能的浪费。专业规划师的能力不仅限于规划文件的编制，他们系统的理论和实践知识可以在规划编制和实施的各个环节发挥作用。

其次，避免对使用者的误导。作为规划核心内容的规划文件包含大量细致全面的信息，而真正想让小城镇控制、发展的，或者说重点关注的信息会掩盖在庞杂的数据和信息中。在没有规划师全程参与的情况下规划实施的质量会受到影响。

再者，小城镇发展需求强烈，改造提升空间大，但小城镇的规划与建设技术储备不强，实施能力有限。传统"终极蓝图"式的规划对小城镇来说缺乏实际操作性，难以被分解为一步步可以实施的步骤。因而，规划师全程式、多角色、递进式的参与就显得特别重要。规划师在过程中可以全程指导规划的编制和实施，对出现的问题进行跟踪解决。

最后，规划事实上很难预见到很长时间之后的情况。尤其是小城镇体量小，外界与自身的细微变化都可能对它具有颠覆性的影响。规划预见不到这些问题，也不能在这个基础上去制定。因而循序渐进，跟踪式的递进式规划在这一点上也能够发挥其作用。当然这牵扯到了规划师的职业定界的问题。规划师不是万能的，规划手段能够解决的问题才是我们真正关注的问题。规划师掌握什么手段与资源才去考虑什么方面的问题。

5.2 产业视角

产业问题是小城镇发展的核心问题。产业发展水平直接影响小城镇的结构、功能，甚至人口素质，决定着小城镇的吸引力和辐射力。我国小城镇产业发展借鉴了一些国外的经验，比如日本的"一村一品"模式。但中国区域间差异大、情况复杂、欠账多，市场和政策变数大，这加大了小城镇产业规划的难度。

小城镇是未来中国十年城镇化的热点区域，而产业问题又是小城镇发展的核心动力。小城镇自身的优势与局限预示了一种不同于大城市的产业规划理念出现的必然性，通过映秀灾后重建的追踪评估，同济规划院更愿意提出以"多元支撑、预留成长"的产业理念来指导规划。

1. 产业局限

目前小城镇产业发展主要表现出两种趋势：一是基于禀赋各异的资源发展旅游产业，将发展的希望寄托在外来游客身上。这类做法在国内有一些非常成功的案例，如九寨沟章扎镇仅以酒店业为唯一的支柱产业，并发展良好。但这种模式并不像很多推崇文化旅游的学者所认为的、能成为我国小城镇发展的主要方向。

表面上看旅游业灵活性大，市场需求大，发展也比较迅速，似乎成了小城镇发展的必选内容。但实际上，这种模式不具有普适性。实现旅游业可持续和面向高端的发展并形成地方经济的支柱，首先要求当地切实拥有丰富的旅游资源，无论人文资源、自然资源或是其他方面；其次，需要专业的旅游规划和管理团队的软件支撑。而目前小城镇比较普遍的古镇游、"农家乐"等旅游模式，可持续性低、产值低，难以形成产业支柱并且可能需要承担地区间同质化发展所带来的风险。将小城镇的经济活力完全寄托在外来游客身上，是很危险的产业模式。

另一种产业发展模式是房地产开发，较多出现在大中城市郊区附近的小城镇。这些地区往往在周边配套设施发展尚不成熟的情况下，就进行从无到有的迅速而颇具规模的房地产开发。这种模式在短期内的城市所获得的土地收益会比较可观，但从长远来看，孤立的房地产业短期内抑制了城镇的发展演变，难以在经济上形成可持续的造血功能，或者闭合的销售与生产的动态回路。将城镇变成了仅有居住功能的辅城，一栋栋电梯公寓或小高层看上去蔚为壮观，却往往成为空城。产业门类单一，资源浪费较大，预支了未来的土地资源，可持续性低，一次性收取的土地租金收入，是无法支撑小城镇长期的健康成长的。

2．多元支撑

产业规划是映秀镇重建规划的重点。灾后，在几乎是一张白纸上规划新映秀的产业，这似乎是比较容易的事。同济规划院以旅游作为小镇产业的支柱，并在景观风貌、功能等多方面进行了配合设计。重建完成以后，映秀的旅游业在两三年内比较成功，吸引了大量游客前来参观游览。但五年后，映秀产业门类单一，核心产业支撑乏力，这些问题多多少少地呈现出来，这一情况让我们进行了深入反思。结合其他小城镇产业规划的经验，提出"多元支撑，预留成长"的小城镇产业规划理念。

"多元支撑"的方式：多元支撑是小城镇产业发展的重要策略，实现多元支撑需要一个过程，可以从以下四个方面加以考虑。

1）基于传统

小城镇产业发展不建议采取迅速脱离传统产业的方式进行。一个地区的传统产业无论水平高低都是适应了当地社会经济背景的产物，

其存在具有一定合理性。我国很多小城镇传统的产业支撑都是农业，而当前不少地区都面临农村空心化的问题。一方面城市化进程不断深入加快；另一方面农村的生产力和技术含量跟不上城市对农产品质和量的增长。与西方发达国家相比，我国广大农村地区发展现代农业的潜力还非常巨大。现代农业本身也是集一产、二产、三产为一体的综合性产业，就业带动力强，产业链较长。现代农业的稳定性也高于第二产业，且对地方资源禀赋的要求不高，传统农业比较发达的地区都可以搞，可以作为小城镇经济的基础之一。

其他生产加工或者商贸物流产业在技术、环保、产品档次上如果有优化升级的可能，能保留的尽量保留。传统产业在当地已经积累了熟练的技术专家和工人，是当地产业结构的组成部分，具有一定的稳定性。如果盲目搬走或引入新产业全面替代，对已有的知识技能资源和市场资源是一种浪费，新产业融入市场也具有一定风险。

因而，小城镇发展"多元支撑"的产业体系的策略之一就是基于传统产业，在此基础上实现升级换代。规划上就要注意在产业的选择、用地的优化调整、耕地保护、环境保护、交通

连接等方面做好规划，成系统地为传统产业的升级发展预留足够的空间。

映秀在建设的初期，由于大量耕地因灾灭失，或者被调整为居民安置用地，因而在传统农业空间上预留明显不足。随着建设发展的深入展开，规划进行了合理调整，一方面将部分组团间绿地复耕为菜地；同时通过地灾治理，恢复了部分农业用地，逐步丰富了映秀的产业构成。

2）因地制宜

因地制宜与"错位发展"，"比较优势"，"资源禀赋"，"创新"等概念密切相关。规模小的城镇为了提升发展的效率和质量，根据当地情况制定产业发展战略是规划师必须考虑的事情。发挥比较优势是因地制宜的重要方式。对我国的小城镇来说，比较优势一般涵盖了：可开采自然资源，生态环境资源，区位优势，土地资源，特色产品，当地历史文化等几方面。

不同的资源禀赋决定了小城镇主导产业发展潜力的不同。规划师在产业规划上要在当地现有的发展条件下，充分考虑到比较优势的发挥对基础设施的需求、土地的需求、优势资源之间的衔接配合，开发优势资源的先后顺序，以及对弱势资源的保护等问题。

其次，规划师也应根据当地的优势资源，创造性地发掘和提出产业发展的新理念。比如旅游小镇的景观风貌打造、产业的优化升级、区位优势的充分发掘等。这是"创新"的问题。映秀的整个抗震纪念体系就是一种基于地震这一事件的"创新"，映秀建筑的集群设计也是一种基于当地文化传统的创新。这些创新对当地旅游业的发展做了贡献。其实各地在社会经济发展方面都应该有可以发掘和创新的元素，特别是三产方面。这些元素经过规划师的设计和提升可以成为小城镇旅游发展的亮点，为当地产业的发展加分添彩。

3）市场引导

市场调节在我国经济运行中发挥的作用越来越大，遵循市场规律是今后小城镇产业发展的必要原则。盲目跟风、主观推进、追逐短利可能导致产业发展的阶段性"梗塞"、"被边缘化"，或者同质化、低效率等问题的出现。

最基本的市场因素包含供给和需求两部分。因而产业规划要考虑的是本地产业如何与当地优势资源结合，能够生产什么，质量和水平如何；市场需要什么，需求演变的趋势是什么，产品辐射多大的范围等问题。根据这些情况规划当地产业的配置。

实际上，受区位和资源条件等因素影响，某些产业甚至小城镇本身都会自然地衰落或消亡，或者很难发展兴旺，这是市场调节的力量。例如小乡镇因交通不便，自然环境比较恶劣而出现人口流失，发展动力长期不足，逐渐衰落的情况。遇到这种情况最好顺势而为，因势利导，该搬迁的搬迁，该合并的合并；逆势而行造成的浪费和机会成本将很大。

映秀的产业因多元化程度不足，市场波动对当地经济的影响就比较明显。旅游人数的增减对当地居民的收入有显著影响。映秀的旅游业发展虽然总体上是成功的，但是短期内没有充分实现规划提出的旅游业持续蓬勃发展的初衷，需要由后续旅游开发项目跟进来解决问题。这可以看作我们当初的设想与实际的市场需求没有充分的切合，产业的多元支撑考虑不足。

另外，映秀本身历史形成的九益环线交通枢纽地位，受到新兴交通方式的影响（飞机、高速跨越等）而有所削弱，高度特色产品交易中心的布局也受制于全汶川县的整体考虑，规划师应该客观地意识到，映秀的物流集散功能在市场的选择下，必然会弱于震前。

4）广域配置

小城镇的产业一般都在与更大范围内的市场、合作者与竞争对手互动，产业独立性远低于大城市，脆弱性和单一性高于大城市。小城镇的产业规划切勿闭门造车，要在广域范围内进行考虑。区域内产业的同质化和联系松散将造成不必要的竞争和资源浪费，以及区域内产业抵抗外来竞争和适应市场演变的能力弱。企业间缺乏交流联系也将减缓各企业在技术和管理上的进步速度。特别是小城镇的产业在走出落后封闭的状态，向现代化产业过渡的过程中与外部市场的互动特别密切，风险与变数也相应更大。因此广域配置产业资源，形成"多元支撑"是小城镇产业发展的重要策略。

位于偏远地区的小城镇，如果没有矿产资源或旅游资源，发展多元产业的难度是比较大的。这类地区往往拥有土地资源，但物质基础和技术基础薄弱，发展工业的基底差。由于经济规模小，工业也难以形成聚集效应。这些小城镇可以优先考虑农业的现代化升级，发展现代农业，留住人口，稳住经济，并尽可能寻找自身比较优势，在比较优势上做文章。另外，积极开展基础设施建设，特别是交通通道的建设，以争取尽快融入更大范围内的经济圈当中，成为商贸物流的节点。

小城镇比较密集的区域产业发展的空间条件相对较好。我国不少地区没有特大型城市和大城市，二是由一系列中小城镇构成城市群，例如汶川县就是由一系列小城镇组成。对于这类地区的产业规划，建议在城市群范围内对产业进行布局。城镇间产业要有分工合作，发挥各城镇比较优势，产业上形成相互联系，优势互补的网络。例如汶川县政府对映秀镇、水磨镇、汶川县城之间旅游业的发展就进行了一定的区分。映秀为地震纪念与教育，水磨为羌族文化休闲旅游小镇，汶川县为大旅游环线上的重要交通节点和服务区，"红色旅游"资源比较丰富。如果城镇间产业联系紧密，"多元支撑"的概念完全可以扩大到区域内，区域内的多元支撑可以通过产业链上下游的联系在独立的小城镇中体现出来。产业集群整体的竞争力和抵御风险的能力也远高于单个小城镇的能力。政府对这种产业的配置发挥着关键作用，规划师在做规划时需要与政府密切沟通，全过程参与是实现这种方式的重要手段。

5) 预留成长

"多元支撑"的理念指尽量避免形成单一的产业。在西方成熟经济体往往可以看到不少产业单一的小城镇，包括旅游、高端制造业、食品加工、物流等，但这种单一和相对稳定的表象是成熟经济体经过长期的市场调节形成的相对稳定的产业布局。而中国正在经历迅速的社会经济变革，产业的门类、档次、区位、规模都在发生剧变。除了少许资源禀赋和比较优势特别突出的小城镇，一般来说，单一的产业往往难以在长期内应对这中变化，区域经济在短期内就会面临某些产业的淘汰、升级、重组。因而，类似于热带雨林生物多样性带来的更强的生态适应能力和稳定性，"多元支撑"为小城镇的产业奠定了更强的市场演变适应能力和可持续发展能力。同时，多种产业之间还有可能形成联系，构成产业链，组成区域性产业体系或集群。产业体系的生存能力和竞争力会远高于单一和松散的产业。例如：生产加工与物流，原材料生产与深加工等。

但是，中国的小城镇一般来讲基础设施相对薄弱，人才储备不足，现代服务体系没有形成，短期内难以实现"多元支撑"，那么，从规划的角度入手就要"预留成长"。这种预留体现在几个方面。一是空间上，要为产业的中长期发展预留土地，预留环境承载力，预备人才。产业的发展不能只考虑近期，不能因为逐近期之利而预支未来发展的空间；二是交通基础设施，要为中长期产业规划考虑，在线路、流量上等方面都要为今后的物流需求做设计，连接产业园区，连接外部市场，连接生活区与产业园区；三是整体功能布局，要为不同产业的发展做考虑：产业园区与住宅区的有机衔接，与交通干线的搭配，相关产业的融合，环保考虑，工厂事故防治等。这种预留还要与小城镇当前的发展需求相适应，不能影响近期发展。

反观映秀的产业规划，在多元支撑和预留成长方面考虑不够充分。震后由于用地、防灾等原因搬走了药厂、拉丝厂等一批扎根当地的企业，电厂的员工也搬到都江堰。这种"撤离"对映秀产业的多元化、本地化和可持续发展能力造成了一定影响。在近年旅游业所有下降的情况下，当地没有其他产业可以弥补和代替，目前也看不到当地具有很强成长性产业的出现。由于数千工厂员工的撤离，当地的消费甚至出现一定下降。

于是同济规划院在雅安"4·20"地震重建中汲取了这一经验。我们坚持雅安原有产业不能全部撤走的原则，这一点和仇保兴部长的一个观点相符，即灾后重建必须要实现当地居民就地分散重建、就地产业恢复和就地充分就业。就地发展是"4·20"地震灾后重建过程中众多专家提出的要求。促进就地发展，当地就业具有多重意义。一是缓解乡村地区空心化的问题，留住当地青壮年；二是可以促进农村和城镇地区之间的人员、基础设施、知识的交流和衔接，有利于城乡一体化；三是减少企业搬迁、人员上班等增加的成本。这是当地社会经济稳定的支撑。另外，地区原有产业体系的建立经过了比较漫长的过程，是长期调整与市场接轨的结果，盲目地打破并重建是不科学的行为，风险高，成本高。保留原有产业为小城镇产业体系的多元化留下了根基。

5.3 空间与功能

介乎于城市与乡村之间，小城镇在我国传统文化中有着特殊的地位，即使在当代很多小城镇仍保留着传统的空间与传统的功能。然而在过去十几年的发展中，我们发现很多小城镇在盲目地推进着乡村工业化或乡村都市化的进程，在大规模建设中存在着盲目模仿大城市、大拆大建、"摊大饼式"的发展等普遍问题，最终走向"亦城亦乡"或者"非城非乡"的模式。着眼于传统文化与未来发展，在小城镇空间与功能的设计上，提出"与古为新，功能渗透"的原则。

1. 与古为新

何为古？人们曾经认为不需要古，一切旧的东西需要被破除。后来随着社会的发展，遗产的重要性被大家认识到，那些年代久远的遗存被很好地保护起来。但是过去几十年、十年、五年的"遗迹"如何处理？这些建筑虽然离我们只有十年、几十年，但是在我们的后代看来，也将是历史遗迹。这是历史传承与保护的态度，是如何看待与发掘遗产与历史的价值的问题。对此，我们认为所有过去的东西都是"古"，都是有保存和发掘价值的。基于这种认识，空间与功能的设计建设才具有了"可持续性"的基础。

这里，"可持续性"包含多种意义：公众的城镇记忆具有持续性，城镇的空间结构与风貌具有延续性，文化历史需要可延续的载体。这意味着，任何一个小城镇都具有可供保留和延续的内容，需要规划师细心地挖掘。例如：小城镇的村落组织关系、地理名称、老街老巷的形态与布局、某个时期的建筑特色、居民商业行为的习惯等。

"与古为新"是一种本着人文精神的规划态度。历史的空间与元素是城镇的"灵魂"，蕴含大量过去遗留的信息和理念。长期积淀下来的历史是文化认同感的基石，而贯通历史、植根历史的发展道路是一条来龙去脉更加清晰的道路，更加稳定和可持续的道路。"与古为新"原则的现实意义在于最大限度地基于小城镇历史和现实状况实现历史传承，提升现有空间与功能的质量，发掘具有历史延续性的城镇扩张方式，从"古"当中寻找城镇中长远发展策略的内涵支撑。

弄清楚"古"的意义之后面临的就是如何保护与呈现的问题。"与古为新，功能渗透"就很好地传达出了我们的主张。全部拆除固然不对，僵化地静态保护也不可取。如果能对事物本源有透彻认识，就能发现取之不尽的创新素材和内容。要确认旧的有价值的东西，并让它在现代焕发出生机与活力，与其他城镇空间一起延伸发展。功能渗透就是实现延伸发展的手段。

看似固定不动的城镇空间实际上与城镇的文化历史以及其他运动着的人、物、资本等发生着千丝万缕的联系，发挥着动态调节城镇运行的作用。经济发达城镇的设施与空间在发挥很强专业功能的同时，也表现出较强的多功能性。这是社会经济活动充分活跃、相互交融的结果，良性的交融可使城镇空间与设施发挥最大的功效，提升城镇运行效率，减少社会分割。"古"与"新"的融合就要通过功能的渗透达到上述社会经济效益，通过交通的渗透、城镇公共服务的渗透、开放空间的渗透等，使得遗址地和城镇空间达到有机融合的状态，最大限度发挥空间的社会经济效能。一定程度减少区域间机动车通勤量；促进区内人员流动、社会融合、行业交融，显著增强区域活力，形成区域性"热点"。

2．映秀尝试

首先，映秀镇的规划建设在多方面都融入了"与古为新"的理念。因遵循重建标准、防灾减灾、温情小镇等设计标准和理念，新生的映秀镇街巷的机理与区块的空间布局完全被重新设计。但同济规划院尽可能保留历史痕迹，将历史与文化的信息融入新生的小镇。如映秀镇的社区基本保留了原来的结构，过去住在一个村落的居民现在仍然住在一起；延续了过去的映秀镇的街名，漫步在新映秀的干道上，仍然可以看到老映秀的地名街名。

其次，规划保留了映秀原有的"小镇意象"，我们认为这是最值得保留并保护的一种"古"。映秀原本是个小镇，我们最终的目的也就是把它建设成一个活生生的小镇，而不是城市郊区、风景区或者大面积的居住区。一般说来，小城镇在人员和物资流动上的规模较小，商业行为、交通行为等社会经济活动的规律性相对大城市更弱，这就是为什么自然生长形成的村落或者小镇在空间形态上相对大城市更加"随意"，即小镇的意象。因此，我们的规划中保留了小城镇应有的小尺度、小规模路网和混合功能。

在建筑设计上，"与古为新"表现得更为典型。参与集群设计的建筑师在研究了当地藏、羌、汉多民族融合的文化传统后，基于自身的理解，设计出集当地藏、羌、汉文化以及川西风格的多种建筑，这就是一种基于"古"发掘与创新的方式。映秀镇当前的风貌所承载的艺术、文化和历史信息较大程度超越了震前，实现了基于"古"而高于"古"的结果。映秀的规划重建让同济规划院在"与古为新"的实践方面积累了大量理论和操作性的经验，特别是全过程规划的管理实施方式，并进一步证实了全过程规划的实践意义。

3. 功能渗透

功能渗透的问题在映秀规划建设过程中主要集中在遗址保护与防灾减灾功能的设计上。遗址保护过程中凸显的各种问题将功能渗透设计的必要性推到了工作的最前台，逼迫我们不断进行改进调整；而映秀建设用地的有限和防灾减灾方面的高要求让复合功能的设计成为必要。

映秀地震后遗留下众多极具价值的遗址与景观，遗址处理问题是映秀规划重建过程中最大的难点之一，保留与否、保留多少、如何保留成为长期争论的焦点。当时存在两种比较极端的观点：一种认为要争取大面积全面地保留。这种观点主要来自文保单位，在垮塌学校中丧生子女的家长以及部分留恋老镇的村民，例如当时漩口小学的家长坚决不同意小学的拆除。他们是从遗址保护，对老镇亲人的怀念角度出发认为全面保护具有必要性；另一种观点不赞成遗址的保留，认为这类关乎灾难的遗迹应该

尽可能遮挡，让它们逐步消失或者干脆拆掉，否则会影响当地居民的心理和生活。灾难的遗迹放在镇区中心地带就像是"时刻提醒"生还者灾难的悲惨，特别是漩口中学遗址。持这类观点的人既有当地居民，也有参与规划的专家。可见当时镇区居民内部的观点也是不同的。遗址的规划建设在反复调整中推进。

规划的核心功能包含了平衡与协调。面对争议，作为规划师，我们采用"折中"、"中庸"的方式平衡保护与拆除遗址之间的矛盾。应急直升机停机坪、天崩石、地震断裂带观测点、联合国秘书长潘基文会晤处等十多处地震遗迹被悄然融入新镇当中。如果不走进或者由专人介绍，游客很难发现，而当地居民也并不清楚所有这些遗址的位置，这就实现了适度保留的效果。

较大规模的遗址本是争论的焦点，例如漩口中学和映秀小学，我们对这两处遗址的处理充分体现了"功能渗透"的原则，这种渗透体现在两个方面：一是两处遗址都采取了部分可见的展示方式，达到在视觉上有所过渡，不直接对人造成视觉冲击的效果。映秀小学的操场被石头垒成的矮墙包围，远看只能见到国旗。

而漩口中学遗址规模较大，形态保留较好，充分记录了地震的惨烈，考虑到不影响当地人的生活与心理，其地块被由藤蔓植物覆盖的细密栅栏围住，使得内部的景象隐约可见。二是在功能上采取多种功能融合渗透的方式。映秀小学被纳入汶川地震纪念公园范畴，公园野趣十足，各种植物搭配，充满生机。公园本身还包含抗震救灾纪念碑、工厂遗址、演艺小广场、映秀旅游停车场、游客接待中心等多种设施，使得映秀小学实际上悄然融入了映秀的日常生活，已然变成了其中的一部分。而漩口中学的遗址被青少年活动中心、镇医院、综合楼、绿地等设施包围，成为镇区综合服务区的一部分。遗址以一种相对中性和"恢复与治愈"的意向示人；走进内部，是地震的记忆，但外部看来则是被植物覆盖的公园，既照顾了当地居民的心理感受，又满足了游客的参观，达到了一种中庸的效果。遗址四周由小尺度道路与广场空间包围，与紧挨的其他设施相互组合，形成开敞空间、公共服务与交通通道相互交融渗透的多功能片区。其中，公园相对轻松自然的意象是与周边其他功能相互融合渗透的基础。在遗址周围漫步，感觉到的是一种自然而没有压迫感的氛围，如果不主动穿过绿色的围栏去查看内部的遗址，就不会注意到垮塌的教学楼。

现在看来，将规模如此大的遗址柔和地融入映秀核心镇区是我们规划设计的最大成功点之一。实际上，我们对遗址的看法与建筑大师保罗安德鲁的想法不谋而合。他在"为了忘却的纪念"一信中就提出对映秀地震的纪念最终是为了忘记灾难，从灾难中重生。我们如此设计几大遗址的目的就是想让遗址成为一片绿地，小孩在附近玩耍；而遗址在时间长河中逐步被植物覆盖、腐朽、垮掉，最终成为一个公园，消失于视野，仅存于资料和人们的记忆中。而不同的功能充分混合时，小镇才具有更强的自我调节能力。

从映秀的案例同济规划院也总结出：多功能城镇空间最好能够默默地支撑多种功能的发挥和相互渗透。这种"中庸"一是不宜额外向行人施加单一和特别明显的意象，诸如：纪念广场、人民广场、休息地带、街头花园……任何一种过强的意象都会或多或少影响该空间综合功能的发挥，因为这一意象对其他需要衔接整合的意象起到了一定的排斥作用。漩口中学遗址正是以一种相对低调中庸的形象去衔接了周边其他的服务设施。如果漩口中学以高调清晰的遗址形象示人，那么它会鹤立鸡群，甚至与周边的酒店、青少年活动中心、政务办公楼等设施格格不入。二是空间本身的形态不建议采取规则的几何形态（矩形，圆形，正多边形等）。形状规则的开敞大空间意象进入使用者的意识会引起微弱的心理压力，对空间多功能作用的发挥是一种不必要的干扰；看不出明显形状的公共空间，才能消失在人们意识中，才能最自然而然地将不同功能衔接在一起。就像白纸一样，任凭艺术家在上面写诗作画。漩口中学遗址正是采取了不规则的形状，并与周边的空间和设施产生更紧密的结合。最后，这类空间承载的多种功能在意象上要有融合的可能性。例如商业区的意象可以和办公楼、休闲娱乐场所、旅游景点、学校、博物馆等很多意象融合，交通作为中性的功能形象也可以和很多意象融合。然而，政府机关、法院、警察局、战争纪念等功能的意象与商业，休闲娱乐等功能的意象就不容易融合。如果在几种意象上差异特别大的设施相邻的区域建设多功能公共空间，效果的发挥很可能受较大影响。

4．普遍意义

不只是映秀，不少小城镇也有遗产地、历史街区、遗址等。但是这些地方常常由于保护地过于僵硬而变成了一块"膏药"，封闭地存在于城镇空间之中。我们提出的"与古为新"，"功能渗透"的理念在于让这些地方在发展演变的过程中与小城镇慢慢生长在一起。如映秀的遗址都申报了省级文保，不能进行改造和移动。那么，与其让它变成一个墓地，不如变成大家都可以进入的公园。让遗址随着自然进程慢慢被植物消解和掩埋，让伤痕随着城镇爱的积累慢慢地愈合。就保护区与其他城镇空间的关系而言，保护区要想充分融入城镇的日常运行，"保护"功能的设计不宜过强，否则容易形成对人的隔离。在对映秀的遗迹处理实践过后，同济规划院总结了几点对小城镇来说具有普遍意义的结论。

首先，历史文化片区的保护要与使用功能充分结合。街区在展现较强的风貌效果的同时应该承载一定的服务功能，例如商业功能、旅游功能、休闲功能，交通功能等，没有人使用的建筑是最容易破败和被边缘化的。一块被隔离的保护区在城镇中会形成一块"冷区"或"死区"，阻碍四周人员和经济活动相互联系交织，不利于区域健康发展。这其实也是"与古为新"的重要功能。历史文化片区必须基于"古"而焕发出"新"的生机才有长期被保留延续下去的基础。我国很多城市将老厂房改造成文化创意展示区就是比较典型的例子。德国鲁尔工业区的大规模改造也是将生态功能、文化创意、休闲体育、会展等多种功能融入其中，将大面积的重工业区改造成了与城市融合的多功能综合性城市片区。

其次，规模不大的文物或建筑可以作为景观进行展示，但也需要与人充分靠近。这类受保护的建筑或雕塑或植物应充分融入市民的日常生活，甚至消失在人们的关注范围内，在人们需要关注或者谈论到的时候才出现在人们的视野当中，这是最佳的保护效果。巴黎人平时经过凯旋门或者巴士底狱的雕塑前并不会去关注二者本身的形态和历史文化价值，二者仅作为交通转盘和旅游景点的形象而存在，融入城市生活。但当人们谈到历史文化时、节庆时就会关注到它们，对其赞叹不已。

再次，灾害、战争或其他纪念性区域纪念意象不应太强，适宜采用低调或中庸方式处理。在视觉上不能太显眼，可与休闲温和意向的服务功能相结合。例如广岛的原子弹轰炸纪念馆以及建筑遗址被融入城市中央公园的一角。建筑形态低调庄重，远看犹如小型办公楼，并没有表达"灾难"或者明显的"纪念"意象，爆心遗址建筑被绿树包围，走进后才能映入人的眼帘。公园内绿草茵茵、小溪流淌、樱花围绕，市民在公园内休息玩耍，路人迅速通过。这是一种"治愈系"的灾难纪念方式。人对历史、灾难、英雄的纪念毕竟不是时刻都在进行，纪念与怀念只会在某些特定时刻发生。人的主题永远都是更好的生活与发展，对灾难的记忆应该随着时间逐步淡忘。

最后，普遍来讲，人流量大的公共空间、空间结构紧凑、建筑密度较大的地段、服务业密集的地区、机动车少的地段是最容易也最需要实施功能融合的地方。当然，功能的空间融合在城市中很多地方都可以实施，并不一定要达到类似汉堡火车站附近的程度。一两种、两三种功能的融合同样能够增强土地效能的发挥，这种做法对小城镇来说还有很大的发展空间。

5.4 风貌与特色

~~~~~~~~~~

城镇风貌表面上似乎只是城镇的外衣，但实际上与人与物发生着微妙的关联。城镇景观带给人不同的感受，让人感觉舒适、美观，或者不适、无感。人对景观的感受虽受到个人文化背景与偏好的影响，但普遍来讲城镇景观是分档次的，是会影响居民感受的，是与居民生活质量息息相关的，是会潜移默化影响城镇发展的。城镇建设在满足了基本功能之后将有更高的要求，那就是景观风貌的打造。这是着眼文化承载与表达，以及提高居民舒适度为目的更高层次的城市发展目标，需要受到重视。

1. "多样性"与"整体性"

高水准的城镇景观向外人表露着这个城市对自身形象的仔细审视与精心雕琢，对本地文化的自信，对市民的责任感和尊重。当然，也从侧面反映出这个城市的人民对待生产与生活的态度，反映了当地的文化艺术水平。当今社会，精细、高质量、高美学价值的城镇风貌是经济高度发达的外部表现。没有很高的工业水平、很深的文化积淀和高素质的人才，全面、协调、美观的城镇风貌是很难打造出来的。因而从某种角度来说，城镇风貌的水准反映的是这个地区的经济文化发展水平，二者具有较强的关联性。城镇风貌的重要性不言而喻。

汶川"5·12"地震后全面的规划重建是小城镇风貌设计与建设的重要实践。同济规划院和建筑院都先后参与了映秀和都江堰"壹街区"的规划重建工作，对两个地区的城镇风貌设计都投入了不少精力。从中我们总结出不少小城镇风貌设计的经验，其中，空间的"多样性"与"整体性"是小城镇风貌设计的核心内容。城镇的风貌是大量微观的景观在街区层面表达，以及微观的景观在宏观上的整体表现，二者相辅相成，缺一不可。"多样性"着眼于微观风貌的丰富多变，"整体性"着眼于让城镇风貌在整体上有统一的风格，不乱、不杂。

2. 他山之石可以攻玉："壹街区"的风貌规划

映秀的规划建设时间特别紧迫。就风貌而言，镇区在建成后表现出一些问题，比如建筑风格之间的区块分割，街巷空间丰富程度不足等。而都江堰"壹街区"规划建设的时间比较充裕，并且在映秀之后进行，因而充分汲取了映秀风貌设计上的经验。"壹街区"在"多样性"与"整体性"两方面实现了较好的平衡。

"壹街区"是都江堰灾后重建中一个规模最大的综合性居民安置区，位于都江堰城区东北部的边缘，是未来城市北片区八平方公里范围的空间重心。为了使"壹街区"成为都江堰城市北片区城市今后发展的引擎，需要让快速建成的城市新区尽快具有活力，并且具有持续的发展动力。因此，"壹街区"的城市设计以建构多样性与整体性相结合的城区结构为核心思想，即在统一的地域基调下，表现建筑、景观、街坊以及功能的多样性，并营造出"地域性营造、多样性空间、城市肌理延伸、社区活力发展"的状态。

1）多样性目标

城镇风貌与环境中包含有价值信息的数量要达到一定数量才能称之为优秀的环境风貌，才会开始对人产生较大的吸引力，这可以拿白纸与油画的差异来作类比。人生活在设计美观、景观元素丰富的街区中会不自觉地感觉到一种规范、多样、视觉上不会"无聊"。这种多样涵盖了空间尺度的多样，建筑风貌的多样与街区功能的多样。例如视觉冲击很强的欧洲古典建筑实际上就包含了大量有序、理性的几何信息，诸如：直线、不同类型的曲线、各类多边形与弧形、对称、相似型、集群、平行、比例、分形等。这些建筑与园林景观搭配，不断对参观者进行最直观的"几何轰炸"和文化展示。这类风貌信息无论在数量上还是质量上都是很高的，并在宏观上形成统一的风格，规律性强。

"壹街区"在营造这种多样性上采取了三个方面的措施

（1）复合功能，营造"壹街区"的城市活力

"壹街区"在规划控制层面设计了"点线组合"的沿街商住结构，即沿主街道带状的沿街商铺和街坊路街道转角商业点，形成不同尺度和特征的街道空间。同时，将所有的社区公共服务设施安排在街坊外侧，目的是引导居民的公共生活在街区的街道上发生，从而形成街道空间的活力。

规划将市级的图书馆、文化馆、工人活动中心、妇女儿童活动中心和青少年活动中心、市民体育公园、文化休闲区等市级公共设施项目引入到区内，在街区中分散布局在不同的空间关键点，用公共开放空间和沿街商业串联成为一个公共活动网络，为营造城市活力创造了条件。

（2）形态多样，营造具有识别性的街坊

"壹街区"的规划在空间结构中刻意通过路网走向的变化，形成形态和规模各有差异的30多个街坊，即使有部分街坊因为位于空间主轴两侧在形态规模上相似，但也在建筑高度和沿街功能上有所不同。街坊的色调布置采用了穿插布局的方式，在一条街道上建筑的色调与风格是不同的。街坊形态及规模的不同加上规划采用了围合式的街坊布局要求，有利于形成沿街建筑和空间各自的差异，同时也必然形成围合式街坊内部空间的各自的特征。

（3）混合居住，营造融合性社区

"壹街区"在规划中将每个街坊的户数控制在 120 户至 280 户之间,易于形成良好的邻里关系。"壹街区"的一期共有五种户型,其中包括了 50 平方米的廉租房,70 平方米、85 平方米、105 平方米和 120 平方米的安居房。规划要求每个街坊的户型至少有两种以上,而且必须包括廉租房或小面积的安居房,而不是把某种户型集中安排在某个街坊中,意图是为了加快集中入住后邻里之间的融合,避免造成以围合街坊为界限的社会隔离现象。

2. 整体性目标

不同的城镇景观都向外展示着众多信息:色调、比例、材质、形状……对观察者来说,景观信息的质量是有优劣之分的。"质量差"的景观会让观察者难以发现和筛选出其中的理性结构。这种景观具有规律性弱、混杂度高的特点。例如战争后破败不堪的街道、贫民窟、斑驳肮脏的建筑立面等。直面品质不高的城镇风貌容易让观察者产生视觉疲劳和一定的不适。相反,高质量的景观风貌信息具有:规律性强、结构性强、清晰度高的特点。

这种规律性或结构可以是某种色调的建筑或设施在城镇中的分布(出现频率)具有一定的规律;可以是某种体量或形态的建筑、公共空间、道路在城市中的分布具有规律性;

也可能是一种街区的肌理不断在城镇各处出现。这种规律性并不意味着相同或均匀,反而是微观上表现出丰富的多样性,一种在宏观上具有内在模式的多样性,是多样性与整体性充分协调的结果。这类优质城镇风貌更容易让人感到舒适和愉悦。为了达到类似的效果,"壹街区"在风貌设计的整体性和规律性上下了很多功夫。

"壹街区"是一个需要整体完成并具有完整风貌的城市新区,规划必须防止简单的复制或"移植",或者无序的组合。为此,"壹街区"的城市设计在规划的第一阶段便明确了以下两条作为"整体性"的目标要求。

1)建构街区型结构,延伸城市肌理

都江堰富有活力的老城区中的街坊规模都不大,一般不超过 1 公顷,而且宽度大于 9 米的道路两侧均布满了大小商铺。在"壹街区"的形态结构规划中,规划加大了路网密度,形成 9 米和 12 米的街坊路网系统,从而将住宅街坊的用地规模控制在 5500 平方米至 15 000 平方米之间,道路间距控制在 70 米至 160 米之间。同时规划按照围合型街坊的方式布局区内住宅,沿街布局底层商业,目的是希望延续具有都江堰自身特征的城市尺度和连续的街道空间,将"壹街区"营造为由系列小街坊组成的城市次中心街区。

城市肌理的延伸还体现在色调上。"壹街区"的建筑色调以红棕色、黄色、灰色、银色几种色调为主。这几种颜色穿插着在街区中分布，没有明显的色块的聚集或分割。整体上看，各色块的分布密度比较均匀，达到了微观上色调丰富多样，宏观上协调一致的效果。这种局部与整体结合的色调肌理延伸至整个"壹街区"。

2）融合遗产、林盘和水体，延续具有地域特征的城市空间

城镇景观优劣的一大重要影响因素就是与当地环境的协调性。这种协调性主要涵盖了人文环境与自然环境。城镇的风貌应该承载和表现当地的历史文化、人文气息，达到环境与文化融为一体的效果。欧洲城市在这方面做得很好，是长期有效保护传统建筑的结果，也是比较理想化的状态。非欧洲国家城镇的建筑风格、街区风格受到发展过程中各种因素的影响，战争破坏、意识形态取向、发展的速度、外来文化影响、新世纪发展需求等，而变得多样化，发展中国家尤其如此。整体风格向着现代化方向发展，例如中国和印度。但融入当地传统文化仍然是必要的，特别是小城镇应该有自身的文化符号。城镇越小，特色的塑造反而越发重要。

在公共建筑造型与外观材料上对区内工业遗产的继承，是打造"壹街区"文化基调的重要手段。分布在区内各个关键点的文化性公共建筑，在外墙材料上采用红色清水砖墙贴面，造型上不求高大而采用水平延展的体型，是因为基地上保留的20世纪50年代的工业厂房便是这种红砖外墙、横向伸展的特征。同时，规划着力保留了基地中的部分林盘，并将这些林盘结合规划，布局转化为公园和街头绿地，意在唤起人们对基地原来的田园农庄的联想。

与周边自然环境的融合是更高层次的要求。高标准的城镇建设应将周边自然环境的元素纳入当地城镇风貌设计的考虑，特别是自然风光比较突出的城镇。同样，小城镇在这方面要求高于大都会。瑞士依山傍水的小镇，云南丽江与周围自然环境协调的小镇都是这方面典型代表。对此，城镇在建筑的色调、线条、体量，街区的密度、肌理、视觉透视等方面都要有所考虑。将自然景观的元素融入城镇风貌当中，避免风貌上与当地自然风光不协调。

"壹街区"的规划利用基地北侧的自然河流蒲阳河，以"因势利导"为理水理念，利用蒲阳河在基地内的自然落差，在蒲阳河上游建闸引水，并通过下游的溢流闸重新流回了蒲阳河。由此，在"壹街区"的中心形成了人工河、人工湖和人工半岛，既是为了体现都江堰城市水环境的独特性，同时也为都江堰北片区中心营造了一个空间的核心。

"壹街区"风貌的设计汲取了不少映秀风

貌设计的经验，其风貌的整体效果与映秀相比实现了一定的超越，细部与整体都显得更加成熟。映秀镇的规划时间短，建设周期短，但是经过大家的奋斗，温情小镇的设计初衷已基本实现。镇区内小镇氛围比较浓厚：小镇的空间尺度、小镇的建筑、小镇的生活方式。建筑风貌特别富有变化，一街一景、一户一特色。每个风格的建筑区特色的表达都比较鲜明。

3．映秀的特色

相较于"壹街区"，首先，映秀在空间上的多重尺度做得相对不足，街道的肌理在镇区大致相同。商业上采取"户户有商业"的模式，商业设计本身的集中度不足，相对分散，边缘地区消费者数量少。而"壹街区"采取了"点线组合"的沿街商住结构，沿主街道带状的沿街商铺和街坊路街道转角商业点，商业的聚集与分散兼备，形成了不同尺度和特征的街道空间。商业运行效率较高。

其次，受到用地面积有限的影响以及整合各利益群体诉求的考虑，映秀将政府办公、综合楼、医院、少年儿童活动中心、小学等公共服务设施集中安置在一个区域，其余地方分散小商铺。其负面影响在于小镇主要的公共活动都集中在一个区域，难以形成覆盖全镇的网络化公共活动模式，镇区边缘地区

的社会经济活动不足。"壹街区"的规划看到了这一不足，将这些公共设施在街区中分散布局在不同的空间关键点，用公共开放空间和沿街商业串联成为一个公共活动网络，让各类公共活动与居住，消费等在功能上形成相互渗透促进的效果。

映秀的街坊形态相对"壹街区"更加多样：羌、藏、汉、川西、川东北等各种风格齐聚。但相对于"壹街区"协调的整体性，映秀的建筑风貌有区块分割的现象，各风格间的衔接和过渡不足。原因在于映秀的风貌设计没有像"壹街区"那样采取规划师与建筑师紧密合作的方式，在建筑设计的前、中、后阶段对街区风貌进行指导调节，整体把握。这种调节的内容包含了空间的连续性，环境的整体性以及建筑色彩与材料的协调性。

5.5 规划建设小结

小镇需要什么样的规划，前文试图以机制设立，产业视角、空间功能、风貌特色四个方面做了一些回答。简而化之，小镇需要一个自下而上，扎根于灾区的规划；需要一个能明明白白让每个居民看得懂、理解得明白的规划；一个能激发原住民归属感与荣誉感的规划。

小城镇的规划之路还很长，上海同济城市规划设计研究院的工作还在继续。

图 5-1　重建后的映秀镇（摄于 2014 年 4 月）

新映秀不能只是对冷酷灾难的纪念、对痛苦往事的回忆。

它应该生机勃勃，是一座温情的小镇。对地震遗址的规划的总体思路是柔化伤痛，减少它的压迫感和压抑感。

地震遗址是为了忘却的纪念；多条"生命线"提升了防灾能力；户户临街的方式让人们在此安居乐业……

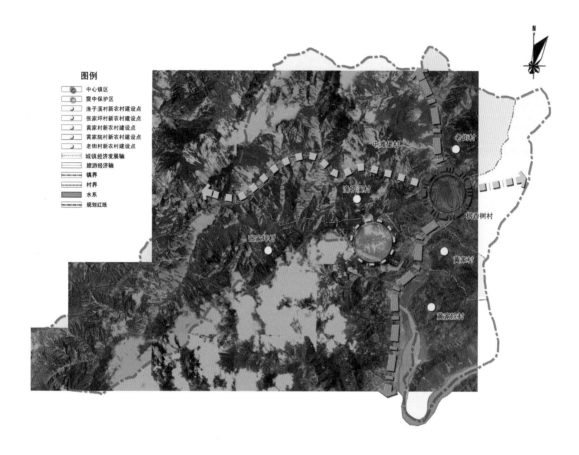

图例

- 中心镇区
- 震中保护区
- 渔子溪村新农村建设点
- 张家坪村新农村建设点
- 黄家村新农村建设点
- 黄家院村新农村建设点
- 老街村新农村建设点
- 城镇经济发展轴
- 旅游经济轴
- 镇界
- 村界
- 水系
- 规划红线

附图1 映秀镇空间布局结构图

　　　　　大爱小镇——映秀灾后重建规划的五年实践与评估

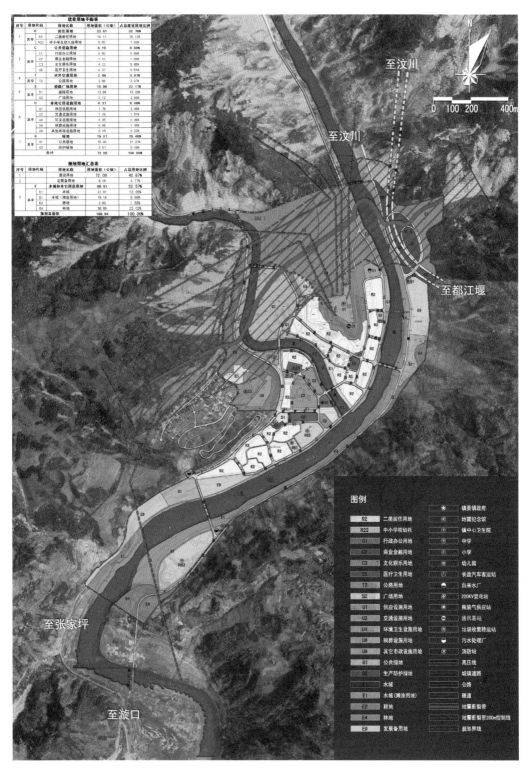

附图2 映秀镇用地布局规划图

至威州

至威州 至威州

至卧龙

至都江堰

消

至成都

至都江堰

图例

	高速公路
	避难疏散主干道
	避难疏散次干道
	城市应急避难出口
	防灾指挥中心
	消防站
	急救医院
	避灾中心
	防灾分区
	防灾据点
	紧急避难绿地
	直升机起落坪
	直升机线路
	水域
	规划界线

0 100 200 400

N

附图3　映秀镇综合防灾规划图

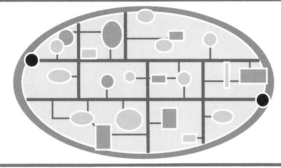

城市生命线设施
缓冲绿色地带
各类防灾公园
学校、医院、体育场、各类广场、停车场
绿色大道或城市内部防灾疏散干道
联系主要防灾公共空间的通道

附图 4　映秀镇对外疏散通道图

图例

重要纪念节点
纪念节点
纪念路径
纪念通廊
映秀大道纪念轴
建筑遗址
构筑物及场地遗址
自然遗址
水域
规划界线

至汶川

至汶川

至卧龙

至都江堰

至张家坪

至漩口

附图 5　映秀镇区纪念体系规划图

　　　　大爱小镇——映秀灾后重建规划的五年实践与评估

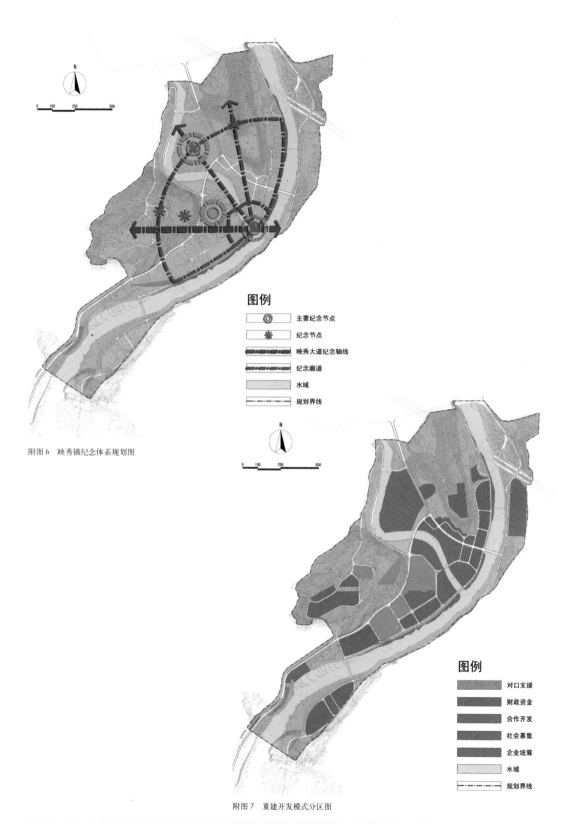

图例

◎	主要纪念节点
✳	纪念节点
▆▆	映秀大道纪念轴线
▆▆	纪念廊道
	水域
	规划界线

附图6 映秀镇纪念体系规划图

图例

	对口支援
	财政资金
	合作开发
	社会募集
	企业统筹
	水域
	规划界线

附图7 重建开发模式分区图

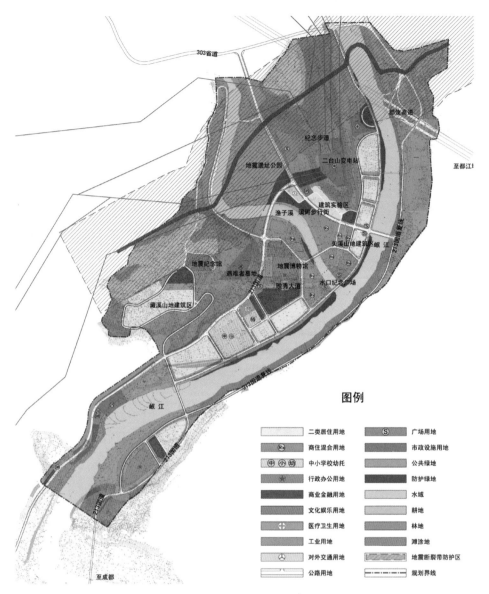

至都江地

303省道

都汶高速

纪念步道

地震遗址公园

二台山变电站

建筑实验区

渔子溪 溪河步行街

关溪山地建筑区 岷 江

213国道复线

地震纪念馆

遇难者墓地

地震博物馆

映秀大道

水口纪念广场

藏溪山地建筑区

岷 江

至成都

图例

二类居住用地	Ⓢ		广场用地
Ⓡ	商住混合用地		市政设施用地
中 小 幼	中小学校幼托		公共绿地
★	行政办公用地		防护绿地
	商业金融用地		水域
	文化娱乐用地		耕地
⊕	医疗卫生用地		林地
	工业用地		滩涂地
	对外交通用地		地震断裂带防护区
	公路用地		规划界线

附图8 映秀镇区土地利用规划图

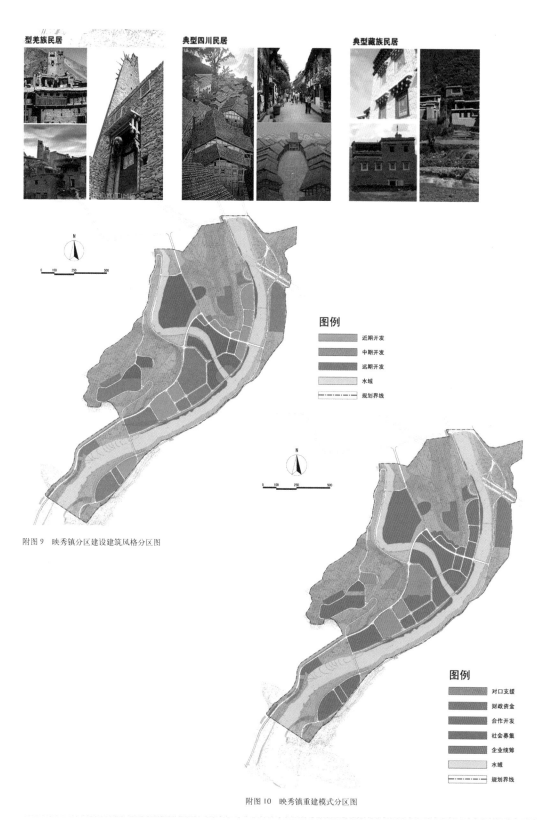

型羌族民居　　　　典型四川民居　　　　典型藏族民居

图例

近期开发
中期开发
远期开发
水域
规划界线

附图 9　映秀镇分区建设建筑风格分区图

图例

对口支援
财政资金
合作开发
社会募集
企业统筹
水域
规划界线

附图 10　映秀镇重建模式分区图

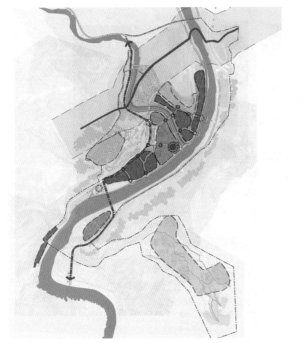

图例

城市景观核心	滨水商住风貌片区
景观节点	山地居住风貌片区
门户节点	水域
国道景观轴	地震断裂带
内部景观轴	地震断裂带200m控制线
滨水生态廊道	规划界线
公共建筑风貌片区	
滨水居住风貌片区	

附图 11　映秀镇城市设计结构图

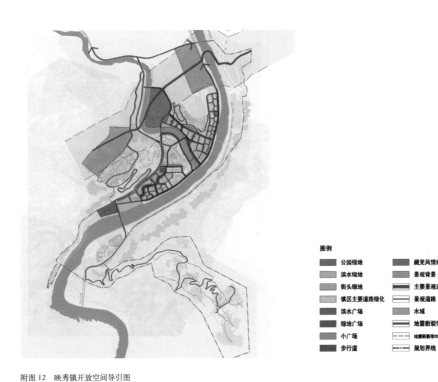

图例

公园绿地	藏羌风情商业街区
滨水绿地	景观背景
街头绿地	主要景观道路
镇区主要道路绿化	景观道路
滨水广场	水域
绿地广场	地震断裂带
小广场	地震断裂带200m控制线
步行道	规划界线

附图 12　映秀镇开放空间导引图

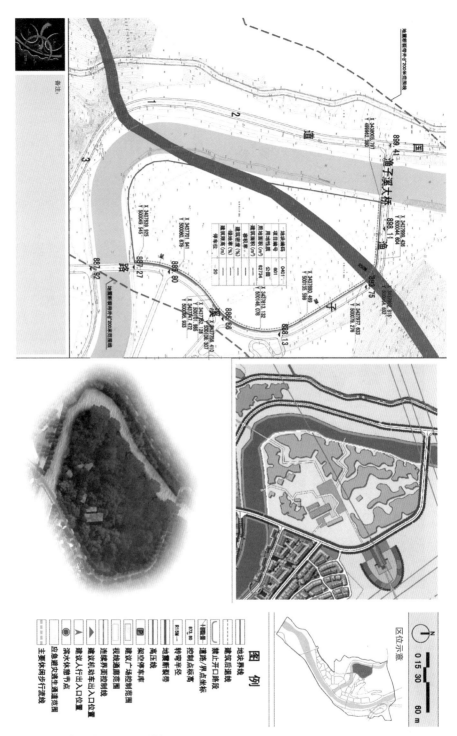

附图13　映秀镇地震遗址公园地块设计控制图

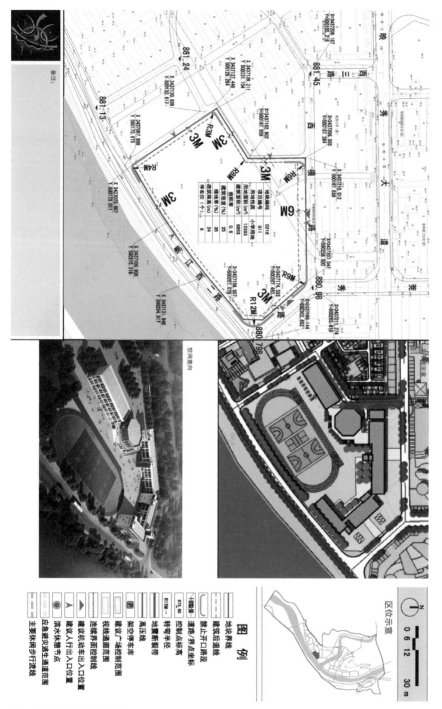

附图14 映秀小学地块设计控制图

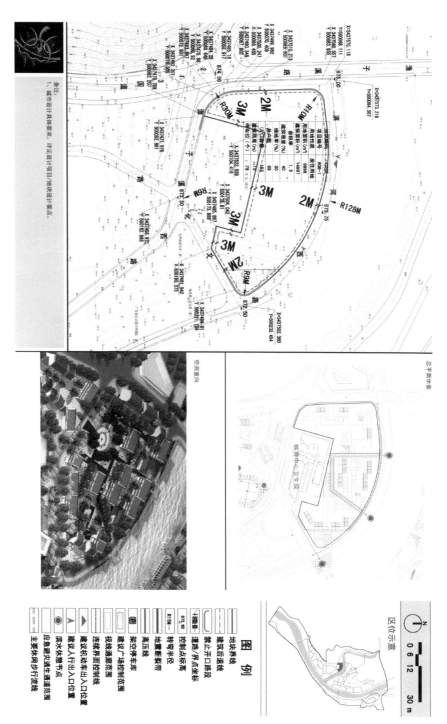

附图15　0202地块设计控制图

中國·映秀

凤凰涅槃　天地映秀

設計師帶你看
你所不知道的映秀

不用参加爸爸去哪儿，
也有老村长和农家乐

禅范儿
的纪念

漫步林荫路，
寻找原味文艺

大爱无疆
坚如磐石

闲逛热闹
感受市井

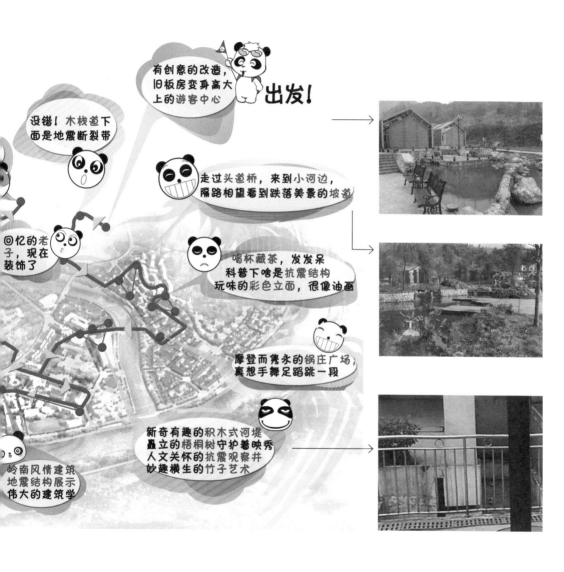

[1] Baer, WC. General plan evaluation criteria - An approach to making better plans. Journal of the American Planning Association [J]. ISSN 0194-4363, 1997, vol.63, no.3, pp. 329 - 344

[2] Alexander, Ernest R., and Andreas Faludi. 1989. Planning and plan implementation: Notes on evaluation criteria. Environment and Planning B [J]. ISSN 0265-8135, 04/1989, Vol.16, no.2, pp. 127 - 140

[3] Mastop, H., Faludi A. Evaluation of strategic plans: the performance principle. ENVIRONMENT AND PLANNING B-PLANNING & DESIGN[J]. ISSN 0265-8135, 11/1997, Vol.24, no.6, pp. 815 - 832

[4] Miller, Khakee, Hull, woltjer. ed. Introduction: New Principles in Planning Evaluation[M]. Ashgate Publishing Limited. 2008.11

[5] Laurian, L.; Day, M.; Berke, P.; Erickson, N. et. Al. Evaluating Plan Implementation: A Conformance-Based Methodology. Journal of the American Planning Association[J]. 2004, vol.70, no.4, pp.471-480.

[6] Berke, P; Backhurst, M; Day, M; Ericksen, N; Laurian, L; Crawford, J .et al. What makes plan implementation successful? An evaluation of local plans and implementation practices in New Zealand. Environment and Planning B-Planning & Design[J]. ISSN 0265-8135, 07/2006, vol. 33, no. 4, pp. 581 – 600.

[7] Rachelle, A.& Hill, M.Implementation of Urban Land Use Plans. American Institute of Planners, Journal[J]. ISSN 0002-8991, 07/1978, Vol. 44,no. 3, pp. 274 - 285

[8] 孙施文，周宇 . 城市规划实施评价的理论与方法 [J]. 城市规划汇刊 . 2003.2: 15-27.

[9] 周国艳 . 西方城市规划有效评价的理论范式及其演讲 [J]. 城市规划 . 2012.3, vol.36, no 11: 58-66.

[10] 吕晓蓓，伍炜 . 城市规划实施评价机制初探 [J]. 城市规划 . 2006.11: 41-56.

致谢

　　"5·12"汶川大地震后，举全国之力的灾后重建，恐怕在相当长一段时期内，其规模及影响均是不可再现的。能参与震中映秀如此重要的重建工作，对本人来讲确是一种不可更重的责任。这种使命感即使在重建完成后依然鞭策着我，在长达五年的时间里，不断地反省与思考当年在重建规划工作中的点滴。而我的伙伴姚栋博士同样参与了重建工作，他与我的多次讨论与一再鼓励，促生了本书的原始创作冲动。

　　本书在内容及风格上均得益于众多朋友的帮助。映秀灾后重建指挥部在重建工作中为我本人提供了巨大的支持，感谢侍俊先生、赵平先生、青理东先生、邓国基先生，没有你们的信任我不可能完成这项任务。映秀镇政府提供了大量的原始设计资料及统计数据，特别感谢彭建军先生和黄高原先生所付出的努力。上海同济城市规划设计研究院的同仁们一直是我在工作中的技术支持与强大后盾，感谢高崎先生、匡晓明先生、黄震先生、李粲先生、关颖彬先生和谢持琳小姐。

　　感谢张通荣先生无私地分享了他在重建管理工作中的经验。感谢廖军先生对我们在梳理历史事件中给予的慷慨帮助，以及那五年中多次就映秀发展进行的共同探讨，我们在观点上的一致极大地推动了映秀的建设。感谢周俭教授历年来在映秀重建过程中的指导，以及对本书写作中所涉及的专业技术提出的建议与鼓励。

　　谭梦鸧小姐和赵立麾先生的工作很重要，他们为本书处理了大量的事情，包括文字录音图像材料、会议及访谈等，感谢他们的努力工作。

　　最后，向所有参与了映秀灾后重建工作的伙伴们致敬与致谢，请原谅我无法一一列举你们的姓名，但我们共同付出的努力成果将一直留在这个温情小镇。

图书在版编目（CIP）数据

大爱小镇：映秀灾后重建规划的五年实践与评估 /
肖达著 . -- 上海：同济大学出版社，2014.10
　　ISBN 978-7-5608-5562-2

Ⅰ. ①大… Ⅱ. ①肖… Ⅲ. ①地震灾害 – 灾区 – 重建
– 规划 – 研究 – 汶川县 Ⅳ. ① TU982.271.4

　　中国版本图书馆 CIP 数据核字（2014）第 150048 号

大爱小镇

映秀灾后重建规划的五年实践与评估

上海同济城市规划设计研究院出版资助项目

肖达　著

责任编辑　孟旭彦　　　责任校对　徐春莲　　　装帧设计　张　微
特约编辑　谭梦鸽　　赵立麾

出版发行　同济大学出版社 www.tongjipress.com.cn
　　　　　（地址：上海四平路 1239 号　邮编：200092　电话：021–65985622）

经　　销　全国各地新华书店
印　　刷　上海中华商务联合印刷有限公司
开　　本　787mm×960mm　1/16
印　　张　13.5
字　　数　270 000
版　　次　2014 年 10 月第 1 版　　2014 年 10 月第 1 次印刷
书　　号　ISBN 978-7-5608-5562-2
定　　价　72.00 元